미터 군과 판타스틱 단위 친구들

* 이 책은 콘텐츠 특성상 원서와 동일하게, 페이지의 오른쪽을 묶는 우철 제본방식으로 제작되었습니다.
* 본문의 킬로그램(kg), 암페어(A), 켈빈(K), 몰(mol) 단위의 정의는
  2018년 11월 제26차 국제도량형총회에서 새롭게 정의하고,
  2019년 5월 20일 세계 측정의 날을 시작으로
  전 세계적으로 적용하기로 한 내용을 반영하였습니다.

미터 군과 판타스틱 단위 친구들

전 세계를 측정하는 기본단위 7인조와 재미있는 단위 여행을 떠나요!

우에타니 부부 지음 | 오승민 옮김

박연규(한국표준과학연구원), 일본계량표준종합센터 감수

더숲

안녕하세요. 이공계 일러스트레이터 우에타니 부부입니다.

이름에서 알 수 있듯이 둘이서 함께 활동하고 있습니다(남편은 화장품 회사 연구원이었고, 아내는 이공계와는 거리가 먼 일러스트레이터입니다. '들어가며'의 이 글은 남편인 제가 썼습니다).

이 책은 단위를 주제로 한 만화입니다. '만화니까 내용이 가벼울 거야'라고 생각할지도 모르겠어요. 하지만 단위를 매우 깊고 진지하게 다루었답니다.

여러분도 잘 알겠지만, 단위는 미터나 킬로그램과 같은 것을 말합니다. "아, 그 단위? 일상에서 흔히 쓰고 있잖아. 잘 알고 있지!" 이렇게 말하는 분도 있을 것입니다. 그런데 여러분, '단위에 관한 규칙'에 따라 정해진 '국제단위계(SI)'에 일곱 가지 기본단위가 있다는 건 알고 있나요?

그 일곱 가지란 미터(길이), 킬로그램(질량), 초(시간), 칸델라(광도), 몰(물질량), 암페어(전류), 켈빈(열역학 온도)입니다. 이 책에는 이러한 기본단위에 제가 이름 붙인 'SI7(에스아이세븐)'이라는 캐릭터들이 등장합니다(책에 나오는 단위를 모두 캐릭터로 만들었죠).

캐릭터들이 만화로 단위를 소개하는 방식이라, 초등학생이나 중학생 친구들도 쉽고 재미있게 읽을 수 있을 거예요. 단위를 좀 더 쉽게 이해하고 이공계 과목을 좋아하게 될 수도 있고요…. '윤초를 도입하는 이유'나 '켈빈이라는 단위가 태어난 경위', '칸델라의 정의 해설' 등 깊이 있는 내용도 다루었습니다. 그래서 평소에 단위를 접할 기회가 많은 이공계 분들에게도 재미있는 책이 되지 않을까 싶습니다.

 이 책의 부록에는 단위 친구들이 일본산업기술종합연구소를 견학하는 만화
가 나옵니다. 앞서 '세계적으로 정해진 단위에 관한 규칙이 있다'라고 말했는데
요. 이 규칙은 과학기술이 발전하면서 계속 최신 정보로 갱신하고 있습니다. 이
런 논의에 참여하는 사람들이 이를테면 일본산업기술종합연구소 산하의 계량
표준종합센터 연구원들입니다. 이 연구소에서는 미터원기 등 연구에 필요한 기
구를 관리하면서 단위에 관한 최첨단 연구가 이루어지고 있습니다. 마지막 장에
이러한 내용이 등장하니 관심 있게 읽어주었으면 좋겠습니다.

 책을 제작하면서 많은 도움을 받았습니다. 감수를 맡아주신 일본산업기술종
합연구소 계량표준종합센터 여러분 그리고 칼럼을 써주신 연구소의 많은 분 덕
분에 재미있는 책이 완성되었습니다. 감사합니다.

 이 책을 읽고 평소 우리가 별생각 없이 사용하는 단위에 담긴 역사와 과학기
술의 매력을 조금이라도 느끼기 바랍니다.

 그럼, 지금부터 단위의 세계로 여행을 떠나볼까요?

우에타니 부부

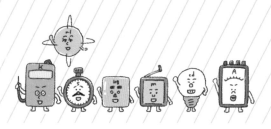

5장

온도란 무엇일까?

6장

전류란 무엇일까?

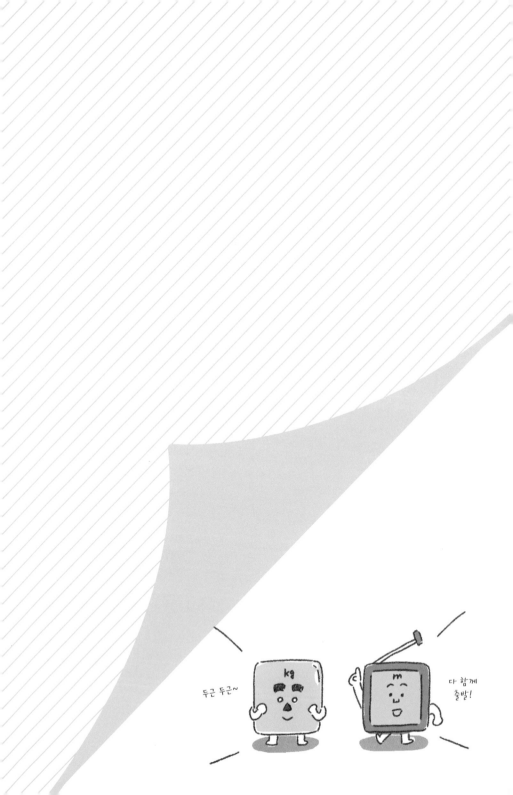

두근 두근~

kg

m

다 함께
출발!

1장

미터 군이
알려주는
단위 이야기

지금으로부터 수천 년도 전에, 메소포타미아 문명이 번성했을 때 최초로 길이의 단위가 탄생했다고 해요.

이름은 큐빗※ 어때?

좋아!

이 길이를 한 단위로 할까?

단위는 왜 생겼을까?

※cubit: 고대 이집트와 바빌로니아 등지에서 썼던 길이의 단위로 1큐빗은 팔꿈치에서 손끝까지의 길이다 ─ 옮긴이

하지만 세계적으로 공통된 단위가 없어서 아무리 같은 이름의 단위라 해도 지역에 따라 미묘하게 달랐어요.

우리 동네에선 이게 1큐빗※이야.

이 천은 좀 짧은데?

말도 안 돼.

※ 1큐빗: 약 50cm

그 후 세계 곳곳에서 다양한 단위가 생겨났어요.

저희는 □□ 단위를 써요.

우리나라의 길이 단위는 ○○야.

우리는 단위가 △△.

세월이 흐르고…

쏴아악

스으윽ᵒᵒᵒ

12

우와!

진짜 크다.

단위는 매우 편리해요. 만약 단위가 없다면

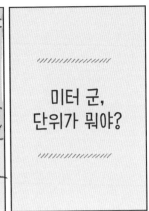

미터 군,
단위가 뭐야?

하지만 단위가 있으면

안녕!
미터 군입니다.

딱

아마 이런 일들이 벌어질 거예요.

이만큼?

워~

이 정도?

나,
아까 진짜
큰 사람을
봤어.

그럼 이제부터
단위가
무엇인지를
설명할게요.

드디어
우리 차례다!

다른 사람에게 정보를
정확히 전달할 수 있죠.

아까
2미터나 되는
사람을 봤어.

진짜?

정말?

양
(quantity, 量)

양에는 두 종류가 있어.

먼저 여기를 봐줘.

연속량
(連續量)

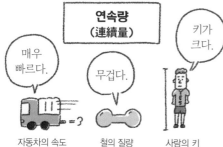

매우 빠르다.

무겁다.

키가 크다.

자동차의 속도　　철의 질량　　사람의 키

측정해야 정확하게 수치로 나타낼 수 있는 양을 말한다.

⬇

이들을 수치화하기 위해 규정한 기준을 '단위'라고 한다(미터, 킬로그램 등).

⬇

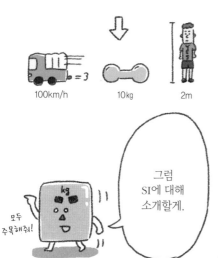

100km/h　　　10kg　　　2m

모두 주목해줘!

그럼 SI에 대해 소개할게.

분리량
(分離量)

사과 → 2개　　장롱 → 1짝　　남자 → 1명

딱 봤을 때 바로 수치로 나타낼 수 있는 양을 말한다.

⬇

단위가 딱히 필요하지 않음

○개, △명 등은 단위가 아니에요.

여러 단위 중에서 세계에서 공통으로 쓸 수 있도록 만든
단위 시스템을 '국제단위계'라고 해요.

국제단위계 (SI)

4년마다 한 번씩 프랑스에서 국제회의가 열려.

프랑스어 'Le Systeme Intenational d'Unites' 의 줄임말. 우리말로는 '국제단위계'라고 한다. 7개의 기본단위로 구성되어 있고 과학기술의 발전에 따라 수시로 개정된다.

///////////////////

국제단위계 친구들 소개

///////////////////

국제단위계의 구성

① 기본단위: SI의 기본이 되는 7개 단위

길이	질량	시간	전류	온도	광도	물질량
미터(m)	킬로그램(kg)	초(s)	암페어(A)	켈빈(K)	칸델라(cd)	몰(mol)

② 유도단위: 기본단위에서 유도된 단위. 어떤 관련된 양에 대해 물리적 원리에 따라 여러 기본단위를 조합하여 만든다.

속도: 미터 매 초(m/s)
밀도: 킬로그램 매 세제곱미터(kg/m^3)
넓이: 제곱미터(m^2) 등

③ 접두어: 단위 앞에 붙여서 양을 나타낼 때 쓴다.

밀리(m), 나노(n), 메가(M), 테라(T) 등

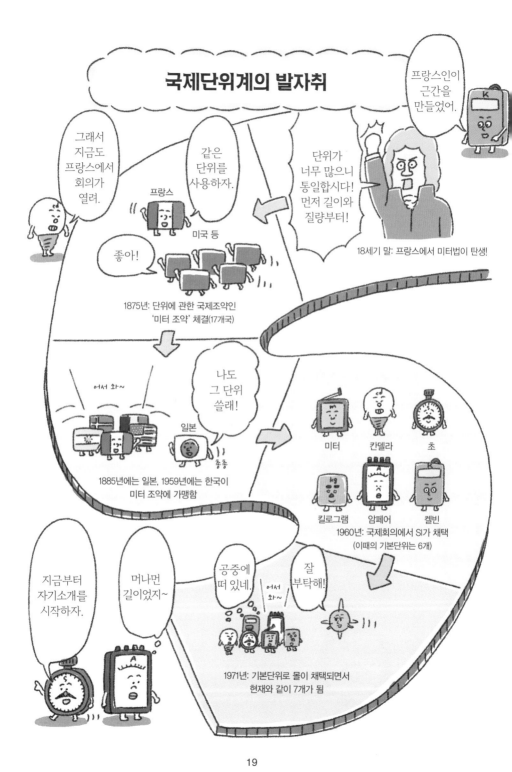

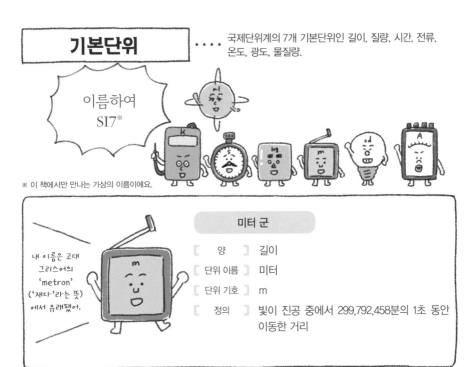

기본단위

. . . . 국제단위계의 7개 기본단위인 길이, 질량, 시간, 전류, 온도, 광도, 물질량.

이름하여 SI7※

※ 이 책에서만 만나는 가상의 이름이에요.

미터 군

내 이름은 고대 그리스어의 'metron' ('재다'라는 뜻) 에서 유래됐어.

[양] 길이
[단위 이름] 미터
[단위 기호] m
[정의] 빛이 진공 중에서 299,792,458분의 1초 동안 이동한 거리

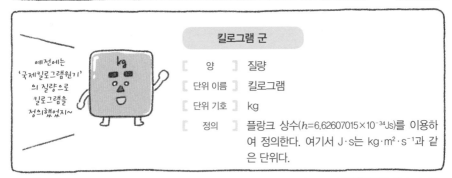

킬로그램 군

예전에는 '국제킬로그램원기' 의 질량으로 킬로그램을 정의했었지~

[양] 질량
[단위 이름] 킬로그램
[단위 기호] kg
[정의] 플랑크 상수(h=6.62607015×10^{-34}Js)를 이용하여 정의한다. 여기서 J·s는 kg·m^2·s^{-1}과 같은 단위다.

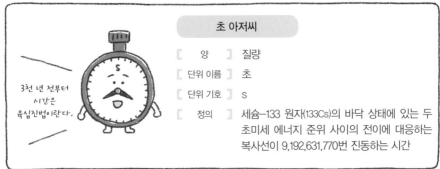

초 아저씨

3천 년 전부터 시간은 육십진법이란다.

[양] 질량
[단위 이름] 초
[단위 기호] s
[정의] 세슘-133 원자(133Cs)의 바닥 상태에 있는 두 초미세 에너지 준위 사이의 전이에 대응하는 복사선이 9,192,631,770번 진동하는 시간

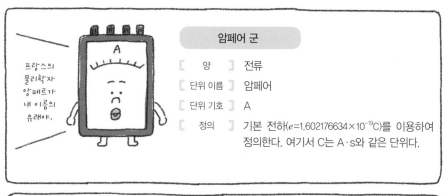

프랑스의
물리학자
앙페르가
내 이름의
유래야,

암페어 군

[양] 전류

[단위 이름] 암페어

[단위 기호] A

[정의] 기본 전하(e=1.602176634×10^{-19}C)를 이용하여 정의한다. 여기서 C는 A·s와 같은 단위다.

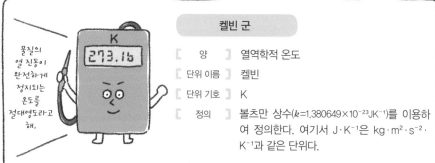

물질의
열 진동이
완전하게
정지되는
온도를
절대영도라고
해,

켈빈 군

[양] 열역학적 온도

[단위 이름] 켈빈

[단위 기호] K

[정의] 볼츠만 상수(k=1.380649×10^{-23}JK^{-1})를 이용하여 정의한다. 여기서 J·K^{-1}은 kg·m^2·s^{-2}·K^{-1}과 같은 단위다.

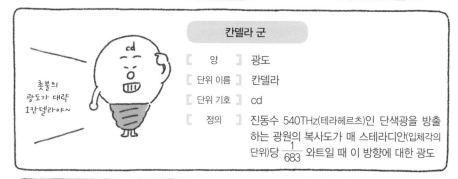

촛불의
광도가 대략
1칸델라야~

칸델라 군

[양] 광도

[단위 이름] 칸델라

[단위 기호] cd

[정의] 진동수 540THz(테라헤르츠)인 단색광을 방출하는 광원의 복사도가 매 스테라디안(입체각의 단위)당 $\frac{1}{683}$ 와트일 때 이 방향에 대한 광도

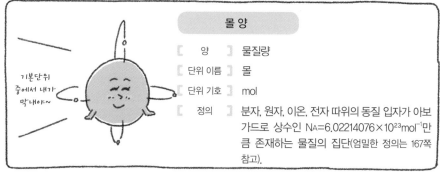

기본단위
중에서 내가
막내야~

몰 양

[양] 물질량

[단위 이름] 몰

[단위 기호] mol

[정의] 분자, 원자, 이온, 전자 따위의 동질 입자가 아보가드로 상수인 N_A=6.02214076×10^{23}mol^{-1}만큼 존재하는 물질의 집단(엄밀한 정의는 167쪽 참고).

7개의 기본단위에 의해 유도된 단위입니다.

앗!

국제단위계를 구성하는 두 번째 단위는 유도단위예요.

① 기본단위

② 유도단위

③ 접두어

유도단위의 예

이런 유도단위들이 있어.

밀도의 단위
kg/m³
(킬로그램 매 세제곱미터)

kg과 m와 m와 m

금 19300kg/m³

속도의 단위
m/s
(미터 매 초)

m와 s

치타의 속도 약 30m/s

넓이의 단위
m²
(제곱미터)

m와 m

고척스카이돔의 넓이 약 83578m²

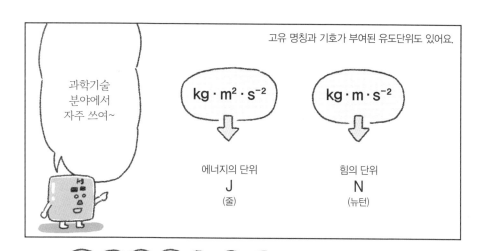

고유 명칭과 기호가 있는 유도단위

모두 합치면 22개나 된대!

유도단위 명칭	기호	측정 대상	기본단위로 표시
라디안	rad	평면각	m/m
스테라디안	sr	입체각	m^2/m^2
헤르츠	Hz	진동수, 주파수	s^{-1}
뉴턴	N	힘	$kg \cdot m \cdot s^{-2}$
파스칼	Pa	압력, 응력	$kg \cdot m^{-1} \cdot s^{-2}$
줄	J	에너지, 일, 열량	$kg \cdot m^2 \cdot s^{-2}$
와트	W	일률, 전력, 복사선속	$kg \cdot m^2 \cdot s^{-3}$
쿨롬	C	전하, 전하량	$A \cdot s$
볼트	V	전위차, 전압, 기전력	$kg \cdot m^2 \cdot s^{-3} \cdot A^{-1}$
패럿	F	전기용량, 정전용량	$kg^{-1} \cdot m^{-2} \cdot s^4 \cdot A^2$
옴	Ω	전기저항	$kg \cdot m^2 \cdot s^{-3} \cdot A^{-2}$
지멘스	S	컨덕턴스(전기전도율)	$kg^{-1} \cdot m^{-2} \cdot s^3 \cdot A^2$
웨버	Wb	자기선속	$kg \cdot m^2 \cdot s^{-2} \cdot A^{-1}$
테슬라	T	자기선속밀도	$kg \cdot s^{-2} \cdot A^{-1}$
헨리	H	인덕턴스(감응계수)	$kg \cdot m^2 \cdot s^{-2} \cdot A^{-2}$
섭씨도	℃	섭씨온도	K
루멘	lm	광선속	$cd \cdot sr$
럭스	lx	조도, 광조도, 조명도	$cd \cdot sr \cdot m^{-2}$
베크렐	Bq	(방사성 핵종의) 방사능	s^{-1}
그레이	Gy	흡수선량, 커마	$m^2 \cdot s^{-2}$
시버트	Sv	선량당량, 주변선량당량	$m^2 \cdot s^{-2}$
카탈	kat	촉매 활성도	$mol \cdot s^{-1}$

※ 한국국가기술표준원에서 발췌하여 재구성함(원서는 일본계량표준종합센터에서 발췌함–옮긴이)

이들을 사용하면 엄청나게 크거나 작은 숫자도 쉽게 표시할 수 있어.

단위 앞에 붙이는 '밀리'나 '킬로'를 말해요.

mL
밀리

km
킬로

μg
마이크로

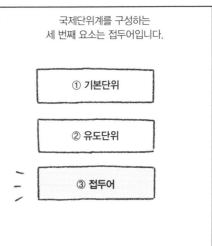

국제단위계를 구성하는 세 번째 요소는 접두어입니다.

① 기본단위

② 유도단위

③ 접두어

접두어 일람표

접두어	기호	거듭제곱	
요타	Y	10^{24}	1 000 000 000 000 000 000 000 000
제타	Z	10^{21}	1 000 000 000 000 000 000 000
엑사	E	10^{18}	1 000 000 000 000 000 000
페타	P	10^{15}	1 000 000 000 000 000
테라	T	10^{12}	1 000 000 000 000
기가	G	10^{9}	1 000 000 000
메가	M	10^{6}	1 000 000
킬로	k	10^{3}	1 000
헥토	h	10^{2}	100
데카	da	10^{1}	10
데시	d	10^{-1}	0.1
센티	c	10^{-2}	0.01
밀리	m	10^{-3}	0.001
마이크로	μ	10^{-6}	0.000 001
나노	n	10^{-9}	0.000 000 001
피코	p	10^{-12}	0.000 000 000 001
펨토	f	10^{-15}	0.000 000 000 000 001
아토	a	10^{-18}	0.000 000 000 000 000 001
젭토	z	10^{-21}	0.000 000 000 000 000 000 001
욕토	y	10^{-24}	0.000 000 000 000 000 000 000 001

평소에는 보기 힘든 것도 있네!

예로부터 특정 분야에서 사용되어온 단위들이야.

단위 중에는 국제단위계에 속하지 않는 특수단위와 비법정단위도 있습니다.

Å
옹스트롬=0.1nm

yd
야드=0.9144m

L
리터=1000cm³

척(尺)
=약 30.3cm

※특수단위는 국제단위계와 함께 쓸 수 있는 단위, 비법정단위는 생활에서 가능한 쓰지 않는 것이 좋은 단위를 말한다─옮긴이

국제단위계에 속하지 않는 단위의 예

SI에 속하지 않으나 국제직으로 SI와 함께 사용이 허용된 특수단위

명칭	기호	SI 단위에 해당하는 값
분	min	1min=60s
시	h	1h=3600s
일	d	1d=86400s
도	°	$1°=(\pi/180)rad$
분	′	$1′=(\pi/10800)rad$
초	″	$1″=(\pi/648000)rad$
헥타르	ha	$1ha=10^4m^2$
리터	L, l	$1L=10^3cm^3=10^{-3}m^3$
톤	t	$1t=10^3kg$
천문단위	au	1au=149597870700m

*총 15개가 있다─감수자

SI에 속하지 않으나 국내법에 따라 SI와 함께 사용이 허용된 특수단위

명칭	기호	SI 단위에 해당하는 값
바	bar	$1bar=10^5Pa$
수은주밀리미터	mmHg	1mmHg=133.3224Pa
옹스트롬	Å	$1Å=0.1nm=10^{-10}m$
해리	M	1M=1852m
노트	kn	1kn=(1852/3600)m/s
표준대기압	atm	1atm=101325Pa
칼로리	cal	1cal=4.1855J(15°C 칼로리)

SI에 속하지 않는 것도 참 많구나.

가능한 쓰지 않는 것이 좋은 비법정단위들

명칭	기호	SI 단위에 해당하는 값
미크론	μ	$1\mu=1\mu m=10^{-6}m$
척(尺)	척	1척=약 30.3cm
야드(yard)	yd	1yd=91.44cm
촌(寸)	촌	1촌=약 3.03cm
돈	돈	1돈=3.75g

단위를 표현하는 방법에는 규칙이 있어요.

설마 잊었어?!

규칙?
그런 게 있었어요?

긁적 긁적

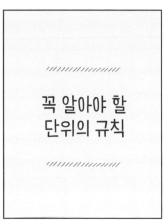

꼭 알아야 할 단위의 규칙

예를 들면 '단위는 원칙적으로 소문자로 표현할 것' 등이야.

m
미터

s
초

mol
몰

끄덕 끄덕

아!
'마음대로 단위를 만들지 않는다' 이런 건가요?

그건 당연하고!

최소한의 규칙을 정리했으니까 살펴보자고.

'오호'라니…
너도 SI7이잖아!

알고 있다고요…

예: 압력의 단위

오호!

Pa
파스칼

단, 인명에서 유래된 단위는 대문자로 써야 해.

이건 내 이름~

프랑스의 물리학자
파스칼(Blaise Pascal)

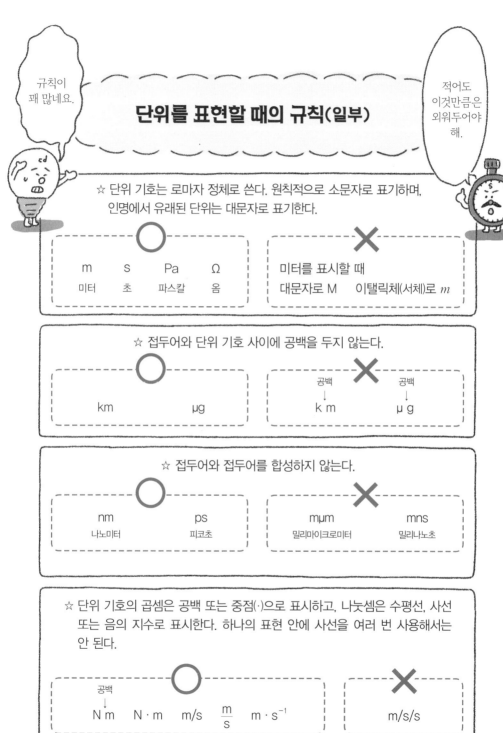

규칙이 꽤 많네요.

적어도 이것만큼은 외워두어야 해.

단위를 표현할 때의 규칙(일부)

☆ 단위 기호는 로마자 정체로 쓴다. 원칙적으로 소문자로 표기하며, 인명에서 유래된 단위는 대문자로 표기한다.

○

m	s	Pa	Ω
미터	초	파스칼	옴

✕

미터를 표시할 때
대문자로 M   이탤릭체(서체)로 *m*

☆ 접두어와 단위 기호 사이에 공백을 두지 않는다.

○

km   μg

✕

공백
↓
k m

공백
↓
μ g

☆ 접두어와 접두어를 합성하지 않는다.

○

nm   ps
나노미터   피코초

✕

mμm   mns
밀리마이크로미터   밀리나노초

☆ 단위 기호의 곱셈은 공백 또는 중점(·)으로 표시하고, 나눗셈은 수평선, 사선 또는 음의 지수로 표시한다. 하나의 표현 안에 사선을 여러 번 사용해서는 안 된다.

○

공백
↓
N m   N·m   m/s $\dfrac{m}{s}$ m·s⁻¹

✕

m/s/s

네…,

이제
알겠니?

2장

길이란
무엇일까?

지금은 미터 군이 당연하게 쓰이고 있지만, 탄생하기까지 파란만장한 일들이 많았답니다.

많은 일이 있었지…

////////////////////

미터 군의 탄생

////////////////////

과학

우리나라와 단위가 다르네…

그러게…

상업

저번이랑 크기가 다르잖아.

당시에는 나라마다 심지어 지역마다 단위가 달라서 불편한 일이 한두 가지가 아니었죠.

18세기 말, 프랑스의 정치가 탈레랑 페리고르는 단위 때문에 고민이 많았어요.

음…

그래서 그는 의회에서 이렇게 주장했어요.

우선 길이의 단위를 통일합시다!

프랑스에만 길이나 무게의 단위가 800종류 넘게 있었습니다.

길이의 단위

· 리뉴(ligne) · 토와즈(toise)
· 피에(pied)   · 온(aune)
· 푸스(pouce) 기타 등등

무게의 단위

· 리브르(livre) · 온스(ounce)
· 그랑(grand)   · 그로(gros)
· 그레인(grain) 기타 등등

그런 단위를 어떻게 만들겠단 말이요? 모두가 받아들일 수 있을 것 같소?

좋은 지적입니다.

잠깐!

멈추시오.

그럼 이를 위해서…

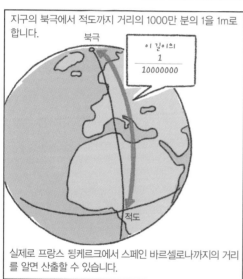

지구의 북극에서 적도까지 거리의 1000만 분의 1을 1m로 합니다.

북극

이 길이의 $\dfrac{1}{10000000}$

적도

실제로 프랑스 됭케르크에서 스페인 바르셀로나까지의 거리를 알면 산출할 수 있습니다.

응, 나를?

지구 길이를 토대로 정하면 됩니다.

이렇게 하여 탈레랑의 제안이 받아들여졌어요.

지구가 근거라면 누구도 반박하지 못할 겁니다.

옳소!

그거면 되겠군,

온갖 역경 끝에 6년에 걸친 측정이 끝났습니다.

이윽고 됭케르크에서 바르셀로나까지의 거리 측정이 시작되었고

드디어 미터가 보급되나 했는데

'미터'가 탄생!

그 후 계산을 통해 1m를 결정하는 데 성공하자

사람들의 강한 반발에 부딪히고 말았거든요.

바로 보급되지는 못했어요.

미터가 탄생하기까지의 과정(요약)

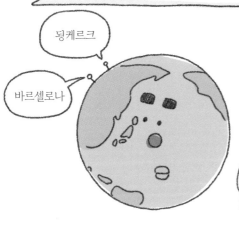

① 됭케르크에서 바르셀로나까지의 거리를 정확히 측정한다.

'삼각측량'이라는 방법으로 측정했어.

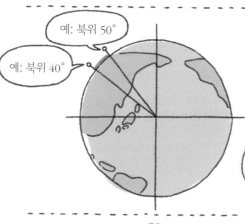

② 각 지점에서의 위도를 구하고 그 차를 계산한다.

예를 들어 북위 50°와 북위 40°의 경우 50°-40°=10°야.

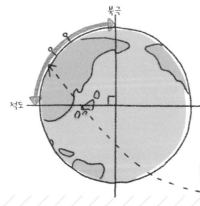

③ 계산한 각도를 90°로 환산해 북극에서 적도까지의 거리를 구하고 이를 1000만분의 1로 나누어 미터를 결정한다.

10°의 경우 실제로 측정한 거리를 9배 늘리면 이 거리를 알 수 있는 거야.

미터 군, 이젠 괜찮을 거야.

1837년이 되어서야 드디어

넌 저리 가!

18세기 말에 미터법이 제정되었지만 미터는 좀처럼 보급되지 못했습니다.

미터의 정의

그 후로 점차 해외로까지 퍼져나가게 됩니다.

미터 호

그제야 미터는 프랑스에서 서서히 보급되기 시작했고

미터 외에는 사용을 금한다는 법률이 제정되었거든요.

미터 외에는 사용을 금함 -정부-

그게 바로 미터원기야!

미터 조약 가맹국에는 1m 표준이 보내졌는데

1875년 드디어 미터 조약이 세계 17개국에서 체결되었고 일본은 1885년에, 한국은 1959년에 가맹국이 되었습니다.

미터 조약

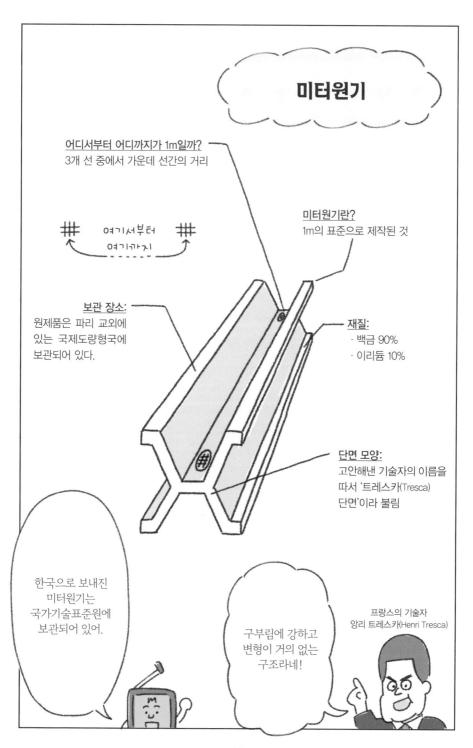

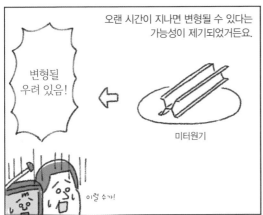

오랜 시간이 지나면 변형될 수 있다는 가능성이 제기되었거든요.

변형될 우려 있음!

미터원기

이럴 수가!

그런데 이 미터원기에서 취약점이 발견되었어요.

헉!

자연현상?

그렇다면 자연현상을 이용하면 되지요.

아냐, 애초에 인공물을 표준으로 삼았던 게 잘못이야.

이겁니다!

Kr

크립톤 원자 군

일정 조건에서 어떤 물질이 방출하는 빛을 이용하면 된답니다. 그 물질이란 바로…

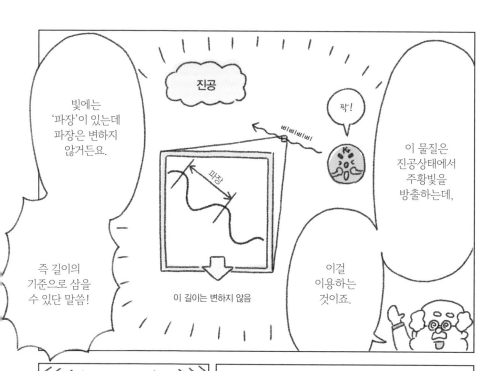

빛에는 '파장'이 있는데 파장은 변하지 않거든요.

진공

파!

삐삐삐삐

파장

이 물질은 진공상태에서 주황빛을 방출하는데,

즉 길이의 기준으로 삼을 수 있단 말씀!

이 길이는 변하지 않음

이걸 이용하는 것이죠.

그건….

꿀꺽

바로 '빛의 속도'야!

반짝!

눈부셔!

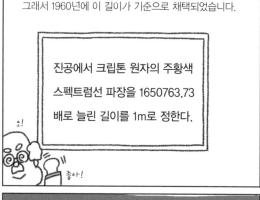

그래서 1960년에 이 길이가 기준으로 채택되었습니다.

진공에서 크립톤 원자의 주황색 스펙트럼선 파장을 1650763.73 배로 늘린 길이를 1m로 정한다.

오!

좋아!

그런데 그 후 이보다 더 좋은 방법이 개발되었습니다.

토닥 토닥

설마, 그럴 리가?

37

과학기술의 발전으로 빛의 속도를 정확히 측정할 수 있게 되었습니다.

구체적으로는 빛의 속도를 먼저 정하고, 이를 바탕으로 1m를 산출해내기로 했습니다.

또한 빛의 속도는 언제나 일정하다는 사실이 증명되면서 빛의 속도를 미터 정의에 활용하려는 움직임이 나타났습니다.

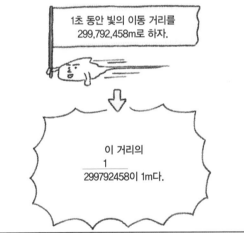

이렇게 1983년 이후로는 '빛의 속도'가 기준이 되었습니다.

미터 정의의 변천사

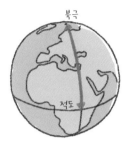

18세기 말
지구 자오선인
북극에서 적도 길이의
1000만 분의 1

그렇게
내가 태어났어.

지구 또한 시간이 지나면서
변화한다는 사실이 밝혀지면서

하지만 이 또한 결국
시간이 지나면 바뀌므로

1889년
국제미터원기의 길이

자연물에서
인공물로 바뀌었지.

1960년
크립톤 원자 빛 파장의
1650763.73배

이때
자연현상이
채택됐어.

빛의 속도를 정밀하게 측정할 수 있게 되면서

1983년
빛이 진공 중에서 299,792,458분의 1초 동안
이동한 거리

현재의 정의야.

미터 군 프로필

단 위 기 호　**m**

정의

빛이 진공 중에서
299,792,458분의 1초 동안 이동한 거리

길이의 예

6단 뜀틀의 높이
약 0.8m

성인남성 경기용 허들 높이
약 1.1m

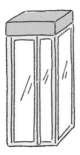

공중전화부스 높이
2.26m

깨알 정보	특기	성격
고대 그리스어 '메트론metron'(재다)에서 이름이 유래됨	여러 물건의 길이를 측정하는 것	조금 덜렁대지만 노력하는 스타일

재미있는 만화

미터 군의 특기

좋았어.

고층 빌딩이다.

됐고….

30m!

미터 군은 너무 긴 길이를 잴 때면 늘 마지막이 이렇게 되고 마는군요.

또 이렇게 됐네….

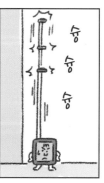

길이 단위는 미터 말고도 많이 있습니다.

지금부터

내가 소개할게~

이를테면 미터 군은 길이 단위의 왕인데요.

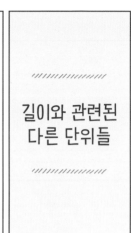

길이와 관련된 다른 단위들

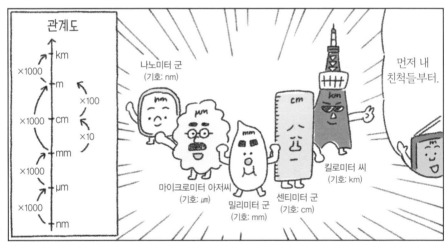

관계도

km
×1000
m
×100
×1000
cm
×10
mm
×1000
μm
×1000
nm

나노미터 군
(기호: nm)

마이크로미터 아저씨
(기호: μm)

밀리미터 군
(기호: mm)

센티미터 군
(기호: cm)

킬로미터 씨
(기호: km)

먼저 내 친척들부터.

나노미터 군은 화학 분야에서 활약하고 있지?

맞아. 나노 과학기술이라는 말을…

잠깐!

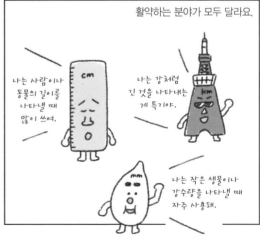

활약하는 분야가 모두 달라요.

나는 사람이나 동물의 길이를 나타낼 때 많이 쓰여.

나는 강처럼 긴 것을 나타내는 게 특기야.

나는 작은 생물이나 강수량을 나타낼 때 자주 사용돼.

물리학자 옹스트롬
(Anders Jonas Ångström)

제 이름에서 유래됐죠.

물 분자 크기: 4Å

나는 원자나 분자의 크기를 나타내는 데 편리하거든.

옹스트롬 군

화학 하면 바로 나야, 나!

명칭: 옹스트롬 **기호:** Å
정의: 100억 분의 1m(0.1nm)
분류: 특수단위

그 얘기 하지 마, 너무 슬퍼져~

그런데 현재 이들은 거래나 증명(계약서)에서의 사용이 금시되었고 어길 시엔 벌금까지…

명칭: 촌(寸), 척(尺), 간(間)
정의: 촌(약 3.03cm)
척(약 30.3cm)
간(약 1.818m)
분류: 비법정단위

나는 '치'라고도 해~

2간은 1평이 되지요.

나는 약 1피트 정도야.

예로부터 사용되어온 단위도 아직 쓰이고 있어.

촌 씨   간 씨   척 씨

이제 다 모였으니까 한번 키를 재볼까?

좋았어!

엄지 폭이 기원이래,

미국에서는 우리가 주로 쓰이지,

인치 군   피트 군   야드 군

우리 해외파를 빠뜨리면 섭섭해~

명칭: 인치(inch), 피트(feet), 야드(yard)
기호: in, ft, yd
정의: 인치(2.54cm), 피트(30.48cm), 야드(91.44cm)
분류: 비법정단위

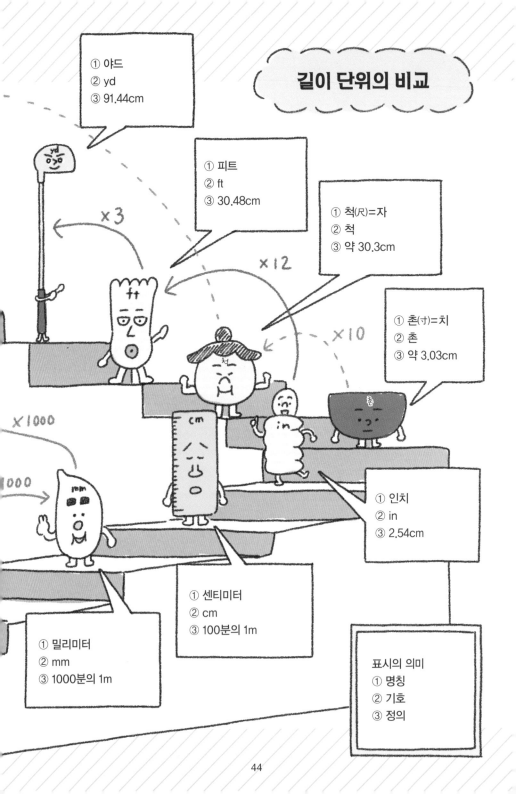

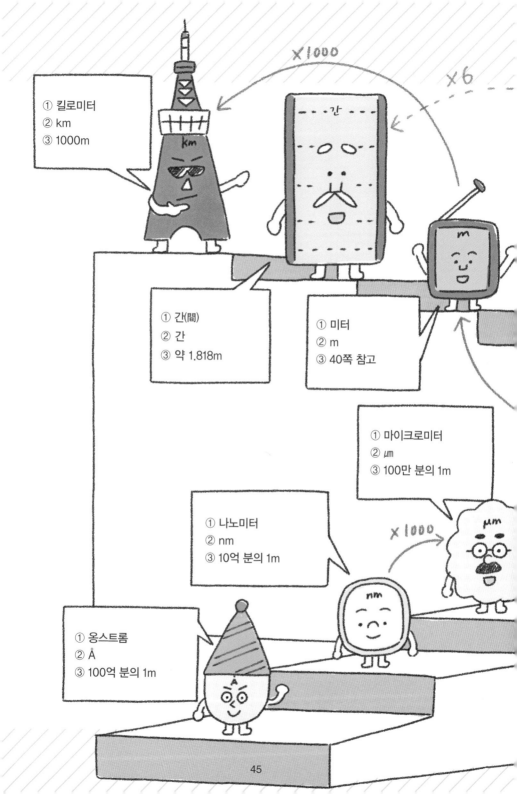

집의 도면인가?

휘익

어느 날 미터 군이 길을 걷다가

터벅
터벅

누가 놓고 갔네?

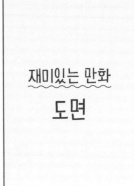

재미있는 만화

도면

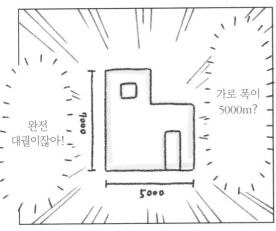

완전 대궐이잖아!

가로 폭이 5000m?

5000

헉!

자네 아니면 큰일 날 뻔했어. 보답으로 금을 선물하겠네.

아니면 재벌?

안녕?

설마… 엄청난 거인?

크다!
와!
와!

앗!

찾았다!

아, 미터 군이다.

금이다, 금이야~

도면아~

어디 갔니?

밀리미터 군

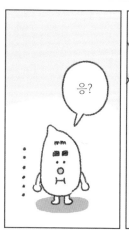

응?

길을 가다가 5000m나 되는 집의 도면을 주웠는데

사례로 금을 받을 수 있을 것 같아~

미터 군, 혹시 그거….

이거?

도면은 기본적으로 밀리미터로 표시해. 응? 왜 그래?

애런 수가

게다가 그건 내 도면이야. 뒤에 표시돼 있잖아.

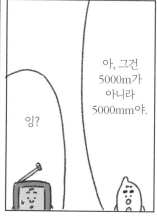

잉?

아, 그건 5000m가 아니라 5000mm야.

예를 들어 이런 크기도 바로 계산할 수 있어요.

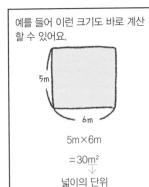

5m×6m

=30m²
↓
넓이의 단위
'제곱미터'

미터를 사용하면 넓이를 나타내는 것도 가능해요.

미터는 정말 편리해~

///////////////
넓이의 단위
///////////////

---

m²처럼 기본단위로부터 유도된 단위를 '유도단위'[※]라고 해요.

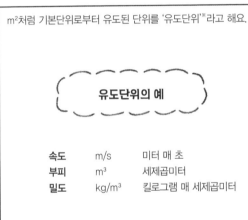

유도단위의 예

속도	m/s	미터 매 초
부피	m³	세제곱미터
밀도	kg/m³	킬로그램 매 세제곱미터

※ 22쪽 참고

여기서 '제곱'이란 '같은 것을 2번 곱한다'라는 뜻이야.

제곱미터
m²
↓
m×m

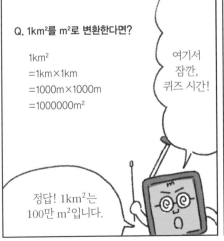

Q. 1km²를 m²로 변환한다면?

1km²
=1km×1km
=1000m×1000m
=1000000m²

여기서 잠깐, 퀴즈 시간!

정답! 1km²는 100만 m²입니다.

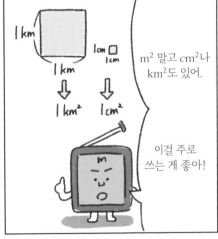

1km

1cm
1cm

1km

1km

↓ ↓

1km² 1cm²

m² 말고 cm²나 km²도 있어.

이걸 주로 쓰는 게 좋아!

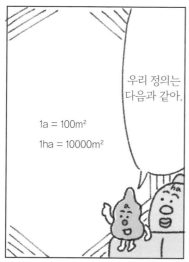

우리 정의는 다음과 같아.

1a = 100m²

1ha = 10000m²

넓이 하면 빠질 수 없는 단위는 바로!

아르 군

헥타르 군

명칭: 아르, 헥타르
기호: a, ha

※실제로는 헥타르만 사용할 수 있다-감수자

m², km², a, ha를 그림으로 나타내면 다음과 같아요.

바로 그거야!

엄지 척!

아르와 헥타르는 m²와 km²의 중간을 채우고 있구나~

길이와 마찬가지로 넓이에도 예로부터 쓰인 다른 단위들이 있어요.

여러 단위들이 있지만, 기본적으로 m²나 km²를 사용하는 것이 좋아~

너무해!

소 2마리가 경작할 수 있는 넓이에서 유래되었어.

지금도 집 넓이를 나타낼 때 내가 쓰인다고!

에이커 군

평 군

명칭: 에이커
정의: 약 4047m²
분류: 비법정단위

명칭: 평(坪)
정의: 약 3.3m²
분류: 비법정단위

부피란 '넓이에 높이가 더해진 것'이라고 생각하면 쉬워요.

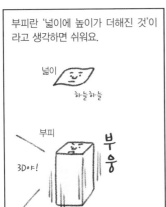

넓이

하늘하늘

부피

3D야!

부웅

미터는 넓이뿐만 아니라 부피도 나타낼 수 있어요.

역시 난 편리해!

부피의 단위

그럼, 흔히 볼 수 있는 부피 단위들을 소개할게~

넓이는 m², 부피는 m³, 즉 부피도 유도단위입니다.

세제곱미터

m^3

⇓

$m \times m \times m$

'세제곱'은 '같은 것을 3번 곱한다'라는 뜻이에요~

부피를 구하는 방법은 이렇습니다.

공식:
가로×세로×높이

7m
6m
5m

6m×5m×7m
=210m³

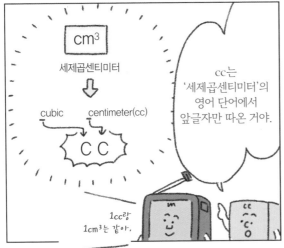

cm^3

세제곱센티미터

⇓

cubic   centimeter(cc)

CC

cc는 '세제곱센티미터'의 영어 단어에서 앞글자만 따온 거야.

1cc랑 1cm³는 같아.

먼저 이 친구부터.

시시 군

계량컵에서 많이 쓰이지~

CC

명칭: 시시   단위: 부피
기호: cc   정의: 1cm³
분류: 비법정단위

cc는 금지

'100cc'는 '10000'으로 보일 위험이 있음!

높은 사람

에구~

cc가 00으로 보일 위험이 있다는 게 그 이유 중 하나래.

그렇지만 난 국제적으로 사용이 금지되어 있어….

비 국제단위계라서….

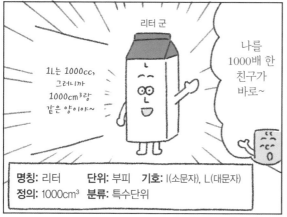

리터 군

1L는 1000cc, 그러니까 1000cm³랑 같은 양이야~

나를 1000배 한 친구가 바로~

명칭: 리터　　**단위:** 부피　**기호:** l(소문자), L(대문자)
정의: 1000cm³　**분류:** 특수단위

분위기를 전환해서 내 소개 좀 할게!

뭐, 하는 수 없지!

단, 소문자는 숫자 1과 헷갈리니까 대문자 L을 쓰도록 권장하고 있어.

그렇군.

국제 규칙

소문자 l(엘) 또는 대문자 L을 사용할 것
(ℓ 은 금지)

나를 가끔 'ℓ'로 쓰기도 하는데, 이건 틀렸어.

51

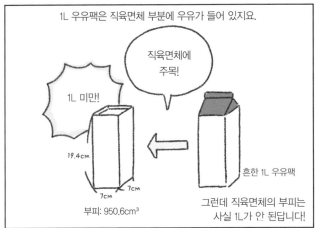

※약간 과장해서 그림

단위의 '성지순례'를 떠나요!

▌ 일본산업기술종합연구소 계량표준종합센터
▌ 공학계측 표준연구부문 나노스케일 표준연구그룹장
▌ 히라이 아키코

단위는 다양한 양을 측정할 때 기준이 됩니다. 언제 어디서나 누구든 보편적으로 쓸 수 있어야 하죠. 그 당시 측정 방법 중에서 가장 정밀한 측정법이어야만 합니다. 그래서 단위를 결정할 때는 그 시대의 최첨단 지식과 기술이 적용됩니다. 또한 기존에 쓰였던 단위를 버리고 사람들이 새로운 단위를 사용하도록 만들려면 널리 알리는 일이 매우 중요합니다. 단위의 결정과 보급을 위한 선인들의 노력을 엿볼 수 있는 단위의 '성지(聖地)'를 지금부터 소개할게요.

미터는 1790년경 프랑스 파리를 지나는 자오선 둘레의 길이를 기준으로 결정되었습니다. 이보다 약 120년 전인 1670년경 천문학자 잔 피카르가 이 자오선 둘레를 0.3% 정도의 정확도로 측정하는 데 성공했어요.

파리 천문대에는 '자오선 실'이 있습니다. 이 방 안에는 자오선이 명시되어 있고 잔디밭에도 선이 그어져 있어요. 1994년에는 파리의 경도(經度)를 계산한 천문학자 프랑소와 아라고를 기념하여 파리의 북에서 남까지 자오선을 따라 지름 12cm인 메달 135개를 지상에 설치하였습니다. 이 메달에는 'ARAGO'와 방위를 나타내는 'N', 'S'의 글자가 새겨져 있습니다. 몇 개는 없어졌지만 루브르 미술관이나 뤽상부르 공원에 아직 남아 있다고 하니, 파리를 방문할 기회가 있으면 한번 찾아보세요.

자오선의 측정 결과와 $1\,^3dm$(데시미터)의 증류수 질량으로부터 각각 확정 미터원기와 확정 킬로그램원기가 제작되었습니다. 이것들은 이후 제작된 국제원기와는 달리 백금 재질이었습니다. 확정 미터원기는 약 $25 \times 4mm$의 사각 단면으로 이루어졌으며, 양끝의 면 간격이 1m입니다. 확정 미터원기, 확정 킬로그램원기는 공화국문서보관소에 보관되었고 '아르시브 원기'라고도 합니다. 아르시브 원기는 일반인에게 공개되지 않지만, 같은 시기에 제작된 복제품이 원기 제작을 담당한 프랑스국립공예보존원 부속 파리공예박물관에 전시되어 있고 누구나 관람할 수 있습니다.

확정 미터원기가 제작된 1796년부터 1797년 사이, 사람들에게 미터를 알리기 위해 파리 시내 16개소에 대리석으로 된 미터원기가 설치되었습니다. 이 가운데 두 곳인 방돔 광장과 보지라르 거리에는 지금도 건물 벽에 원기가 남아 있습니다. 두 개의 금속판이 1m 간격을 두고 매립되어 있는데, 주로 10cm마다(일부는 1cm 마다) 눈금이 새겨져 있습니다. 프랑스 남부의 아그드와 라 바스티드 끌레헝스에도 시민들이 1m를 참조할 수 있도록 1800년경 시장에 설치된 미터원기가 벽에 남아 있다고 합니다.

에펠탑 제1 전망대 밑에 프랑스 과학에 공적을 남긴 프랑스인 과학자 72명의 이름이 새겨져 있다는 사실을 알고 있나요? 앞서 말한 아르고뿐 아니라, 자오선 측량을 시행한 들랑브르, $1\,^3$dm의 물 질량을 측정한 라부아제, 미터원기를 설계한 트레스카, 단위 이름이 된 앙페르, 쿨롱의 이름이 새겨져 있으니 찾아보기 바랍니다.

일본의 경우에도 미터 보급에 심혈을 기울였습니다. 20세기 초 많은 초등학교에 '니노미야 간지로 동상'이 세워졌는데, 미터법을 보급하기 위해 1m에 딱 맞췄다는 이야기가 있지요.

기회가 된다면 이러한 성지를 방문하여 선인들의 노력을 느껴보는 건 어떨까요. 여기서 소개한 곳 이외에도 다른 단위에 관련된 장소가 있을지도 모르겠습니다. 기회가 된다면 한번 찾아보기 바랍니다.

3장

시간이란
무엇일까?

'시간'의 개념은 사람이 생활하는 데 꼭 필요한데요.
다른 단위에도 시간은 매우 중요한 존재랍니다.

시간의 기본단위는
'초(秒)'야.

초 아저씨의
비밀

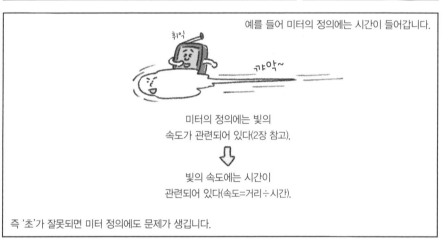

예를 들어 미터의 정의에는 시간이 들어갑니다.

휘익

꺄악~

미터의 정의에는 빛의
속도가 관련되어 있다(2장 참고).

⇩

빛의 속도에는 시간이
관련되어 있다(속도=거리÷시간).

즉 '초'가 잘못되면 미터 정의에도 문제가 생깁니다.

'시간'은 현재 가장 정확한 정밀도로 계측이 가능해요.

시간의 계측정밀도

0.00·············001 초 수준

'0'이 16개

대단하다!

이 정도야
뭐...

칸델라 군   암페어 군

이밖에 암페어(전류)나
칸델라(광도) 등 여러 단
위에도 '시간'이 관련되
어 있습니다.

별말씀을요.

우리 때문에
늘 고생이
많으십니다.

그리고 '시간의 특징'은 육십진법이 쓰인다는 점이죠.

☆ 십진법:
10을 기본단위로 하여
수를 나타내는 방법.
단위의 대부분이 십진법이다.

☆ 육십진법:
60을 기본단위로 하여
수를 나타내는 방법.
시간이나 각도 등에서 쓰인다.

저는
십진법이고
아저씨는
육십진법이죠?

맞아!
'60초가
1분'이니까.

그럼, 함께
시간여행을
떠나볼까?

덥석

네?

그런데 왜 시간은
육십진법이에요?

m

실은 시간은
수천 년도 훨씬 전부터
육십진법이었단다.

그렇게
옛날부터요?

사삭!

빙글 빙글

빙글빙글

출발~

고대
바빌로니아
시대로…

갑자기요?

지금으로부터 약 3000년 전, 고대 바빌로니아에 육십진법을 쓰는 '수메르 수학'이 있었어요.

육십진법은 편리해~

이 시대부터 이미 60분할이 시행되고 있었지.

수메르 수학 최고!

$720 = 12 \times 60$

720은 정확히 60의 배수거든.

아하!

태양이

720개만큼 움직이는 데 하루가 걸려.

720개?

또 한 천문학이 발달해서 태양이 하루 동안 720개만큼 이동한다는 사실을 알고 있었습니다.

몇천 년 동안 계속 쓰이고 있다니, 대단해요!

들썩

이것이 지금까지 남아 있단다.

시간
♥
육십진법

이러한 사실로부터 시간과 '60'이라는 숫자가 궁합이 좋다는 사실을 알게 됐고…

60

시간여행 중…

방금 육십진법이 계속 사용되어왔다고 했지만 사실은 도중에 시간을 십진법으로 바꾸려는 움직임도 있었단다.

어라? 거기 누구요?

죄송해요. 아차!

시간여행!

1793년 프랑스 혁명

'력(曆)'은 한마디로 달력이야.

프랑스 혁명력의 내용(일부)

· 1분 → 100초
· 1시간 → 100분
· 1일 → 10시간
· 1주일 → 10일

시간도 십진법으로 바꿔서 '프랑스 혁명력'이라 부르세!

이제부터 모두 다 새것으로 바꾸자!

지금부터 역법에 대해 살펴볼까?

이 프랑스 혁명력을 비롯해 다양한 역법(曆法, calendar)이 있단다.

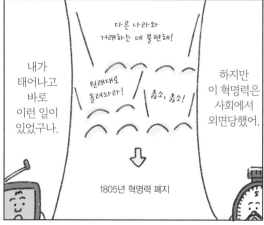

내가 태어나고 바로 이런 일이 있었구나.

다른 나라와 거래하는 데 불편해!

원래대로 돌려놔라!

옳소, 옳소!

하지만 이 혁명력은 사회에서 외면당했어.

⇩

1805년 혁명력 폐지

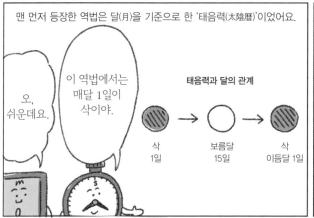

맨 먼저 등장한 역법은 달(月)을 기준으로 한 '태음력(太陰曆)'이었어요.

오, 쉬운데요.

이 역법에서는 매달 1일이 삭이야.

태음력과 달의 관계

삭
1일

보름달
15일

삭
이듬달 1일

//////////////////////

역법 이야기

//////////////////////

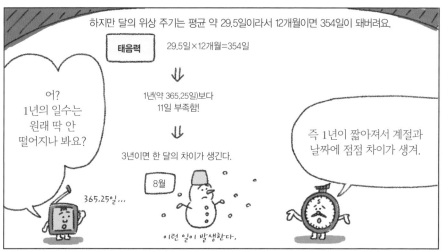

하지만 달의 위상 주기는 평균 약 29.5일이라서 12개월이면 354일이 돼버려요.

태음력

29.5일×12개월=354일

⇓

1년(약 365.25일)보다
11일 부족함!

⇓

3년이면 한 달의 차이가 생긴다.

8월

어?
1년의 일수는
원래 딱 안
떨어지나 봐요?

365.25일...

이런 일이 발생한다.

즉 1년이 짧아져서 계절과
날짜에 점점 차이가 생겨.

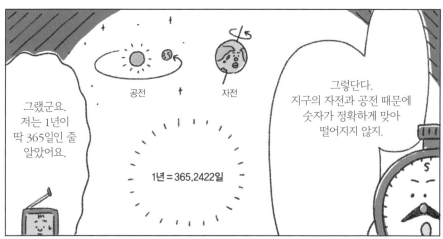

공전

자전

그랬군요.
저는 1년이
딱 365일인 줄
알았어요.

1년 = 365.2422일

그렇단다.
지구의 자전과 공전 때문에
숫자가 정확하게 맞아
떨어지지 않지.

62

그래서 다양한 역법이 등장했습니다.

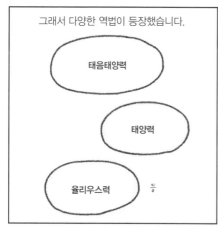

태음태양력

태양력

율리우스력 등

역일(曆日)을 조절할 필요가 생겼지.

이 날짜를 맞추기 위해서…

그리고 16세기에 등장한 것이 '그레고리력'입니다.

그레고리력의 윤년 계산법

❶ 서기(西紀) 중에서 4로 나누어떨어지는 해를 윤년으로 한다.

❷ ① 중에서 100으로 나누어떨어지는 해는 윤년이 아닌 것으로 한다.

❸ ② 중에서 400으로 나누어떨어지는 해를 윤년으로 한다.

역법을 바꾸겠소!

이 역법은 지금까지 전 세계에서 사용하고 있어요.

그레고리우스 13세

⭐ 1년의 정확한 일수
365.2422일

⭐ 그레고리력
365.2425일

이 역법 덕분에 정확도가 꽤 향상됐지.

훌륭해요!

짝짝짝

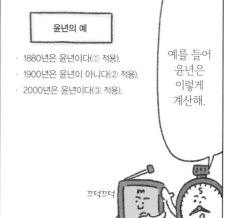

윤년의 예

· 1880년은 윤년이다(① 적용).
· 1900년은 윤년이 아니다(② 적용).
· 2000년은 윤년이다(③ 적용).

예를 들어 윤년은 이렇게 계산해.

끄덕끄덕

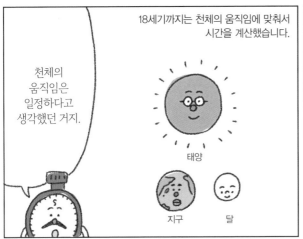

18세기까지는 천체의 움직임에 맞춰서 시간을 계산했습니다.

천체의 움직임은 일정하다고 생각했던 거지.

태양

지구   달

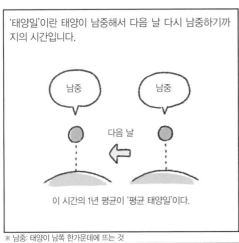

'태양일'이란 태양이 남중해서 다음 날 다시 남중하기까지의 시간입니다.

남중   남중

다음 날

이 시간의 1년 평균이 '평균 태양일'이다.

1초는

하루(평균 태양일)의 $\frac{1}{86400}$ 로 한다.

그래서 내 정의도 이랬단다.

※ 남중: 태양이 남쪽 한가운데에 뜨는 것

하지만 20세기가 되어 관측기술이 발달하자…

앗!

지구 자전이 느려지고 있다!

지구의 자전이 일정하지 않다는 사실이 밝혀집니다.

천문학자

64

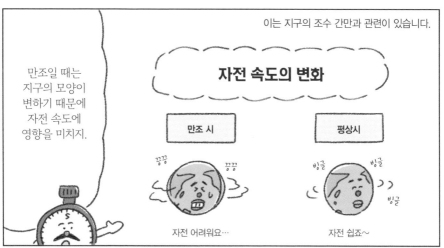

이는 지구의 조수 간만과 관련이 있습니다.

자전 속도의 변화

만조일 때는 지구의 모양이 변하기 때문에 자전 속도에 영향을 미치지.

만조 시	평상시
끙끙 끙끙	빙글 빙글 빙글
자전 어려워요…	자전 쉽죠~

그로부터 10년 뒤 정밀도가 훨씬 높은 정의로 다시 변경됩니다.

털썩

그래서 정의를 변경했으나…

쉽네~

그래!

자전이 문제라면 공전을 정의로 하면 되겠다!

안녕~

Cs

세슘 원자!

세슘-133 군

고정밀도를 실현한 친구는 바로!

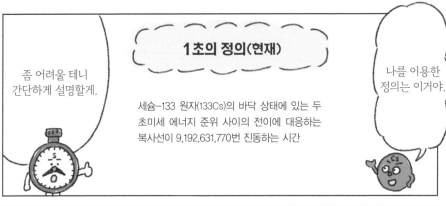

1초의 정의(현재)

좀 어려울 테니 간단하게 설명할게.

나를 이용한 정의는 이거야.

세슘-133 원자(133Cs)의 바닥 상태에 있는 두 초미세 에너지 준위 사이의 전이에 대응하는 복사선이 9,192,631,770번 진동하는 시간

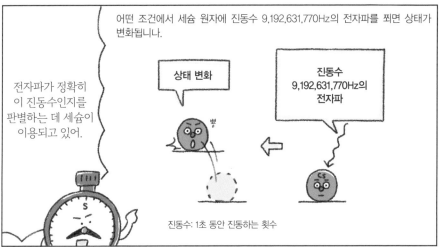

어떤 조건에서 세슘 원자에 진동수 9,192,631,770Hz의 전자파를 쬐면 상태가 변화됩니다.

전자파가 정확히 이 진동수인지를 판별하는 데 세슘이 이용되고 있어.

상태 변화

진동수 9,192,631,770Hz의 전자파

진동수: 1초 동안 진동하는 횟수

그리고 이 정의를 이용한 '원자시계'※가 정확한 시간을 알려주고 있단다.

진동수
9,192,631,770Hz란
⇓
1초간
9,192,631,770회 진동한다.
⇓
이 전자파가
9,192,631,770회
진동하는 시간이 1초!

이 전자파를 만들 수만 있다면 나머진 식은 죽 먹기지.

만세!

※ 원자시계: 72쪽 참조

초 정의의 변천사

~1956년

평균 태양일의 $\dfrac{1}{86400}$

※ 86400=24×60×60

지구의
자전(1일)을
이용했어.

1956~1967년

1900년 1월 0일(역표시, ephemeris time)에서의 회귀년※의

$$\dfrac{1}{31556925.9747}$$

※회귀년: 태양이 황도 상의 춘분점을 출발하여
다시 춘분점으로 돌아올 때까지의 시간

기준이
자전에서
공전으로
바뀌었어.

1967년~

세슘-133 원자(133Cs)의 바닥 상태에 있는 두 초미세 에너지
준위 사이의 전이에 대응하는 복사선이 9,192,631,770번 진동
하는 시간

지구의
움직임에서
독립했지.

초 아저씨 프로필

실의 길이가 24.8cm인
진자가 왕복하는 데
걸리는 시간
약 1s

달빛이 지구까지
도달하는 데 걸리는 시간
약 1.3s

태양광이 지구까지
도달하는 데 걸리는 시간
약 500s

초의 예

단 위 기 호 S

정의

세슘–133 원자(^{133}Cs)의 바닥 상태에 있는
두 초미세 에너지 준위 사이의 전이에 대응하는
복사선이 9,192,631,770번 진동하는 시간

깨알 정보

한자 '초(秒)'는 벼 끝의
털을 의미하며
'아주 조금, 희미한'이라는 뜻이다.

특기

시간을 재는 것

성격

예의 바르며 시간을 잘 지킨다.

재미있는 만화
초 아저씨의 특기

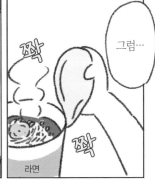

시계가 없으면 시간을 알 수 없지.

'초'의 정의가 진화해온 것처럼 시계도 마찬가지로 진화를 거듭해왔습니다.

시계의 역사

옛날에는 자연현상을 이용했습니다.

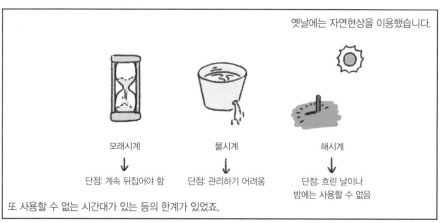

모래시계

↓

단점: 계속 뒤집어야 함

물시계

↓

단점: 관리하기 어려움

해시계

↓

단점: 흐린 날이나 밤에는 사용할 수 없음

또 사용할 수 없는 시간대가 있는 등의 한계가 있었죠.

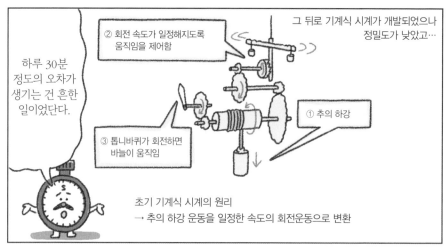

그 뒤로 기계식 시계가 개발되었으나 정밀도가 낮았고…

② 회전 속도가 일정해지도록 움직임을 제어함

하루 30분 정도의 오차가 생기는 건 흔한 일이었단다.

① 추의 하강

③ 톱니바퀴가 회전하면 바늘이 움직임

초기 기계식 시계의 원리
→ 추의 하강 운동을 일정한 속도의 회전운동으로 변환

자신의 맥박으로 시간을 측정함

어라? 흔들리는 폭은 다른데 왕복 시간은 똑같잖아….

어느 날 갈릴레이는 예배당의 흔들리는 램프를 보다가 문뜩 깨닫습니다.

그러던 16세기에 천재 한 명이 나타납니다.

젊은 날의 갈릴레오 갈릴레이

그 후 네덜란드의 하위헌스가 진자시계의 실용화에 성공합니다.

갈릴레이, 내가 해냈어!

네덜란드의 천문학자 하위헌스(Christiaan Huygens)

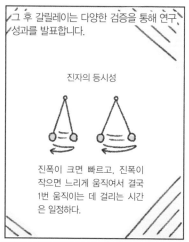

그 후 갈릴레이는 다양한 검증을 통해 연구 성과를 발표합니다.

진자의 등시성

진폭이 크면 빠르고, 진폭이 작으면 느리게 움직여서 결국 1번 움직이는 데 걸리는 시간은 일정하다.

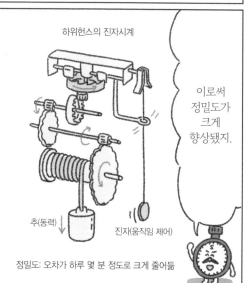

하위헌스의 진자시계

이로써 정밀도가 크게 향상됐지.

추(동력)

진재(움직임 제어)

정밀도: 오차가 하루 몇 분 정도로 크게 줄어듦

갈릴레이는 이 원리를 이용하여 정확한 시계를 만들려고 했으나 끝내 성공하지 못했습니다.

허탈하다…

털썩

원자시계

바로
이 친구!

글자판은
없어.

정밀도는 무려
1억 년에
1초 이내!

나랑
관련이 있지.

정식 명칭:
원자 주파수 표준기
(atomic frequency standard)

세슘-133 군

그 후로 다양한 원리를 이용한 여러 시
계가 제작되었고 정밀도도 향상됐어요.

소리굽쇠 진동자

정밀도:
하루 몇 초의 오차

수정진동자

정밀도:
하루 0.02초의 오차

하지만 이들을 훨씬 뛰어넘는 정밀도
를 가진 시계가 개발되었습니다.

원자시계의 원리

전자파

이야, 엄청난
원리로구나~

끄덕끄덕

③ 이때의 전자파가 진동하는 횟수를
측정한다.

① 세슘-133 원자에 주파수를 조절
하며 전자파를 조사한다.

째깍

주파수 OK!

④ 9,192,631,770회 진동할 때
초침을 1초 움직인다.

② 세슘의 상태 변화를 가장 많이 일으키는 주파수로
맞춘다(9,192,631,770Hz).

원자시계가 나타내는 시간과 지구에 맞춘 시간이 어긋나기 시작한 것이죠.

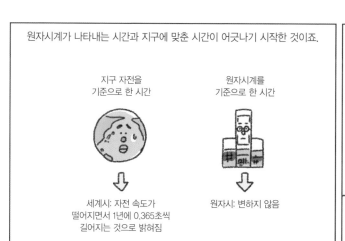

지구 자전을
기준으로 한 시간

원자시계를
기준으로 한 시간

세계시: 자전 속도가
떨어지면서 1년에 0.365초씩
길어지는 것으로 밝혀짐

원자시: 변하지 않음

즉 이대로 가면 시각과 계절이 어긋나게 됩니다.

그런데 원자시계가
너무나 정확한
나머지 곤란한 일이
생겼지 뭐냐….

네?

원자시와 세계시의 차가 0.9초 이내가 되도록 몇 년에 한 번씩
윤초를 적용합니다.

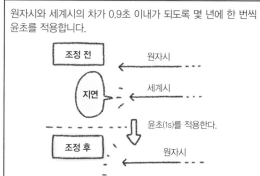

조정 전

원자시

지연

세계시

윤초(1s)를 적용한다.

조정 후

원자시

세계시

윤초
(a leap second, 閏秒)

그래서
생각해낸
방법이
이거야!

와!

그리니치
경도 0도

지구를 북극에서
바라볼 때

한국
동경 127도,
북위 37도

그 이유는
그리니치(영국)가
0시일 때
조정하기
때문이지.

한국과의 시차
9시간!

한국에서는 9시가 되는 순간에 윤초를 적용
합니다.

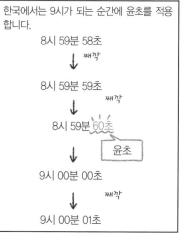

8시 59분 58초

째깍

8시 59분 59초

째깍

8시 59분 60초

윤초

9시 00분 00초

째깍

9시 00분 01초

74

그리고 번쩍하고 나서 소리가 들리는 데 걸린 시간을 재면 번개 친 곳까지의 거리를 구할 수 있단다.

진짜요?

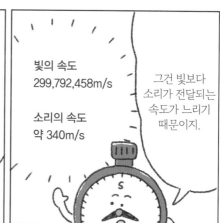

빛의 속도
299,792,458m/s

소리의 속도
약 340m/s

그건 빛보다 소리가 전달되는 속도가 느리기 때문이지.

이번에 번개가 치면 직접 거리를 계산해볼까?

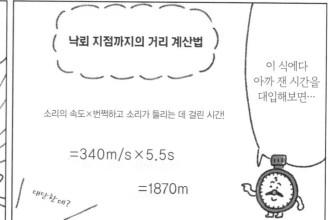

낙뢰 지점까지의 거리 계산법

소리의 속도×번쩍하고 소리가 들리는 데 걸린 시간!

$$=340m/s \times 5.5s$$

$$=1870m$$

대단한데?

이 식에다 아까 잰 시간을 대입해보면…

너무 놀라서 시간을 못 재셨나 봐….

이번엔 진짜 가까이에 떨어진 것 같구나.

네

네

째각 째각…

번쩍

까짝

히익!

우르르 쾅쾅쾅

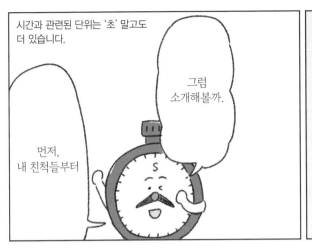

시간과 관련된 단위는 '초' 말고도 더 있습니다.

그럼 소개해볼까.

먼저, 내 친척들부터

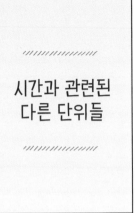

시간과 관련된 다른 단위들

명칭: 분(分), 시(時), 일(日)

단위: 시간

기호: min, h, d

정의: 분 → 60초
　　　　시 → 3600초
　　　　일 → 86400초

드디어 우리 차례로군!

나와 주세요!

분 아저씨　　　　시 아저씨　　　　일 아저씨

이들은 매우 일반적인 단위지만 '국제단위계와 함께 사용이 허용된 특수단위'로 분류되어 있어요.

진정 하시죠.

옳소, 옳소!

그냥 국제단위계에 넣어줘!

우리가 없으면 얼마나 불편한데!

내가 유래야.

안녕하세요~

독일의 물리학자 헤르츠(Heinrich Hertz)

헤르츠 군

이 친구!

이번엔 시간과 상당히 밀접한 관계가 있는…

명칭: 헤르츠   **단위**: 진동수, 주파수   **기호**: Hz
분류: 고유 명칭과 기호로 표시되는 유도단위

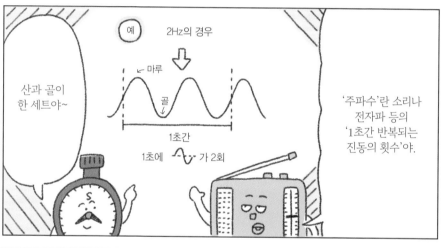

예   2Hz의 경우

↙마루

골↓

1초간

1초에 ∿가 2회

산과 골이 한 세트야~

'주파수'란 소리나 전자파 등의 '1초간 반복되는 진동의 횟수'야.

속도 단위에 대해서!

그럼 이번에는….

갑니다~

그야말로 초와는 일심동체지.

난 '1초당 횟수'라서 's⁻¹'로 표기되기도 해.

$$1Hz = 1s^{-1}$$

※ s^{-1}는 $\frac{1}{s}$임

77

즉 '1초 또는 1시간 동안 얼마나 이동했는가'를 뜻하지.

속도란 '일정 시간 동안 움직이는 거리'를 말합니다.

속도를 구하려면

속도 = 거리/시간

멈춰!

부우웅

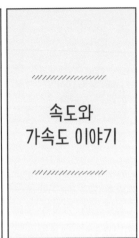

속도와
가속도 이야기

주로 항해에 사용되는 속도 단위도 있어요.

안녕~

노트 씨

명칭: 노트   기호: kn
분류: 특수단위

속도의
단위 예

한마디로
거리(길이)와
시간의
유도단위야.

유도
단위

km/h
킬로미터 매 시

m/s
미터 매 초

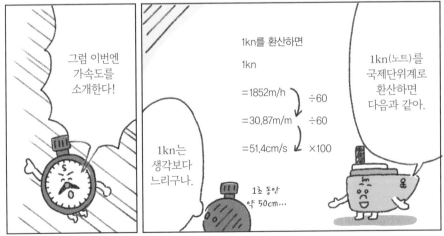

그럼 이번엔
가속도를
소개한다!

1kn는
생각보다
느리구나.

1kn를 환산하면

1kn

=1852m/h   ÷60

=30.87m/m   ÷60

=51.4cm/s   ×100

1초 동안
약 50cm…

1kn(노트)를
국제단위계로
환산하면
다음과 같아.

78

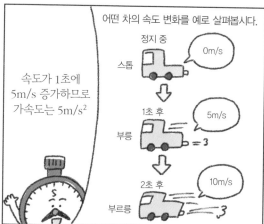

어떤 차의 속도 변화를 예로 살펴봅시다.

속도가 1초에 5m/s 증가하므로 가속도는 5m/s²

정지 중
스톱
0m/s

1초 후
부릉
5m/s

2초 후
부르릉
10m/s

가속도란 '1초당 속도 변화의 비율'을 말합니다.

가속도의 단위

m/s²

속도의 단위 m/s를 s로 한 번 더 나눈 거야.

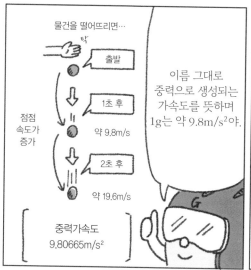

물건을 떨어뜨리면…

탁
출발

1초 후
약 9.8m/s

2초 후
약 19.6m/s

점점 속도가 증가

중력가속도 9.80665m/s²

이름 그대로 중력으로 생성되는 가속도를 뜻하며 1g는 약 9.8m/s²야.

중력가속도지.

가장 유명한 가속도라고 하면 이 친구

지 군

명칭: 지
기호: g
특징: 중력가속도를 나타낸다.

찾았다, 중력가속도!

만세!

역시 갈릴레이는 위대한 과학자야.

갈릴레오 갈릴레이

날 발견한 건 바로 갈릴레이야.

노벨상과 단위 이야기

일본산업기술종합연구소 계량표준종합센터
물리계측 표준연구부문 시간표준연구그룹장
야스다 마사미

노벨상은 해마다 장안의 화제가 됩니다. 그런데 이 노벨상과 단위가 깊은 연관이 있다는 사실을 알고 있나요?

노벨상은 다이너마이트를 발명한 과학자로 잘 알려진 알프레드 노벨(Alfred Bernhard Nobel)의 유언에 따라 1901년부터 시작된 세계적인 상입니다. 물리학, 화학, 생리학·의학, 문학, 평화 등 다섯 분야에서 '과거 1년 동안 인류에 가장 크게 공헌한 인물'에게 수여되지요.

한편 미터법 시행을 기념하면서 프랑스에서 발행될 예정이었던 기념 메달에는 '모든 시대에, 모든 사람에게'라는 말이 새겨져 있었습니다. 이 메달은 결국 발행되지 못했지만, 이 말은 '시대나 국가를 불문하고 사용할 수 있도록'이라는 미터법의 이념을 잘 나타내는 말로 자주 인용됩니다.

밑줄 친 두 문장이 말하고자 하는 바가 비슷해 보이지 않나요? 단위와 관련된 연구에 수여된 노벨상, 특히 노벨 물리학상의 사례는 아주 많습니다.

지금부터 구체적인 사례를 소개할게요.

알프레드 노벨

길이
앨버트 마이컬슨(1907년)
간섭계에 의한 길이의 정밀측정
샤를 기욤(1920년)
저열팽창계수재료, 인바(invar)합금 발견

질량
피터 힉스 · 프랑수아 엥글레르(2013년)
질량의 기원

시간(길이와 관련)
오토 슈테른(1943년)
분자선에 의한 실험방법의 개발
이시도어 라비(1944년)
원자핵의 자기적 성질을 기록하는 공명법
폴리카프 쿠시(1955년)
전자의 자기모멘트 정밀측정
바소프 · 프로호로프 · 타운스(1964년)
양자일렉트로닉스의 기초 연구, 메이저 및 레이저
의 발명
알프레드 카스틀레르(1966년)
광펌핑법의 발명
니콜라스 블룸베르헨 · 아서 숄로(1981년)
레이저 분광학의 발전에 대한 공헌
한스 데멜트 · 볼프강 파울(1989년)
이온포착기술의 개발
노먼 램지(1989년)
분리진동장법 발명과 그 수소메이저 등의 원자시
계에 대한 응용

추 · 코양타누지 · 필립스(1997년)
레이저광에 의한 원자의 냉각과 포획
데이비드 와인랜드 · 서지 아로슈(2012년)
개별 양자계의 계측 및 조종

전류
조지프 존 톰슨(1906년)
전자의 발견
로버트 밀리컨(1923년)
기본 전하의 측정
브라이언 조지프슨(1973년)
조지프슨 효과의 이론적 예언
클라우스 폰 클리칭(1985년)
양자홀 효과의 발견

온도
헤이커 카메를링 오너스(1913년)
액체 헬륨 생성에 이르는 저온물성의 연구

물질량(질량과 관련)
막스 폰 라우에(1914년)
결정에 의한 X선 회절 발견
윌리엄 브래그 · 로렌스 브래그(1915년)
X선을 이용한 결정구조 분석

광도(온도와 관련)
막스 플랑크(1918년)
에너지 양자의 발견, 복사식의 확립
아카사키 · 아마노 · 나카무라(2014년)
효율적 청색 LED 발명

단위 연구에 수많은 노벨상이 수여된 사실을 알 수 있지요?

단위 연구에 필요한 분야의 창설에 공헌하여 수여된 노벨상도 많습니다. 예를 들어 빌헬름 뢴트겐(1901년, X선 발견), 로런츠 · 제이만(1902년, 자기장이 복사 현상에 미치는 영향 연구, '제이만 효과'), 아인슈타인(1921년, 이론물리학에 대한 공헌, 특히 광전효과의 법칙 발견), 닐스 보어(1922년, 원자구조 및 복사에 관한 연구) 등입니다.

향후 노벨상이 기대되는 단위 연구도 매우 많습니다. 그중에서 초를 새로 정의하는 데 기준이 될 가능성이 큰 '광격자 시계'는 노벨상에 가장 근접해 있다는 평가를 받고 있습니다. 여러분도 이 분야를 관심 있게 지켜보세요.

글쎄…,

흐음~

어떡하면
기본단위가
될 수 있을까?

4장

질량이란
무엇일까?

'질량'을 '무게'와 혼동하는 경우가 많은데, 이 둘은 엄연히 다릅니다.

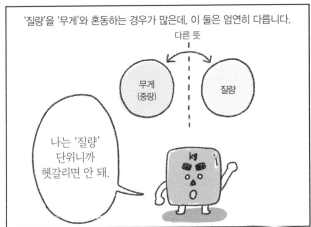

나는 '질량' 단위니까 헷갈리면 안 돼.

질량이란 물질 그 자체의 양이며, 어떤 조건에서 측정해도 변하지 않습니다.

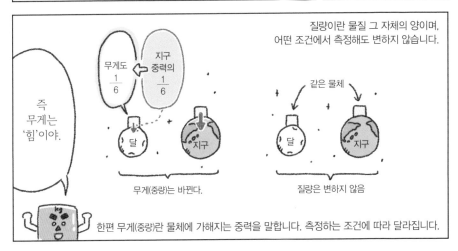

즉 무게는 '힘'이야.

한편 무게(중량)란 물체에 가해지는 중력을 말합니다. 측정하는 조건에 따라 달라집니다.

그리고 각각의 양은 다음의 실험기구로 측정할 수 있어요.

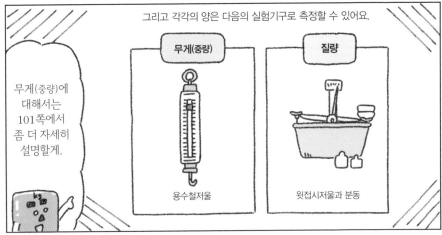

무게(중량)에 대해서는 101쪽에서 좀 더 자세히 설명할게.

84

질량의 기본단위인 킬로그램은 국제단위계 기본단위 중에서 유일하게 접두어가 붙어 있습니다.

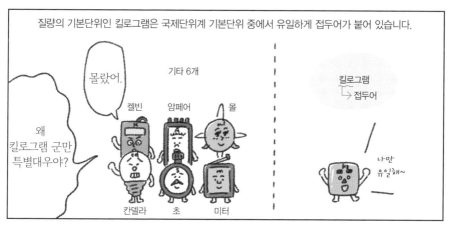

여기서 주목! 접두어를 붙여서 질량을 표시할 때는 그램에 붙일 것!

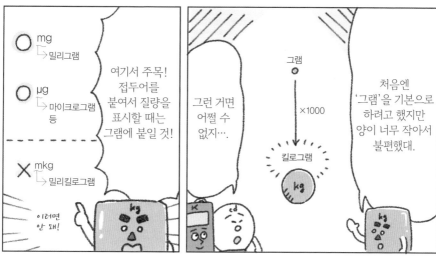

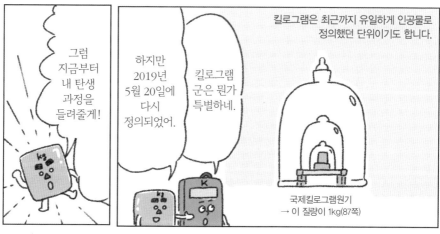

국제킬로그램원기
→ 이 질량이 1kg(87쪽)

질량의 단위를 통일하자! 그램 군

'그램'이 태어났어요.

18세기 말

쩍 쩍

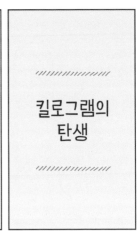

//////////////

킬로그램의 탄생

//////////////

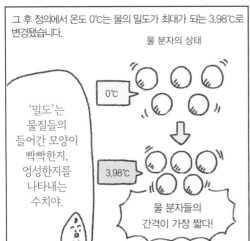

그 후 정의에서 온도 0℃는 물의 밀도가 최대가 되는 3.98℃로 변경됐습니다.

물 분자의 상태

'밀도'는 물질들의 들어간 모양이 빡빡한지, 엉성한지를 나타내는 수치야.

0℃

3.98℃

물 분자들의 간격이 가장 짧다!

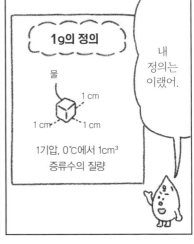

1g의 정의

물

1 cm
1 cm
1 cm

1기압, 0℃에서 1cm³ 증류수의 질량

내 정의는 이랬어.

이때 제작된 것이 아르시브 킬로그램원기입니다.

'1기압, 3.98℃에서 1000cm³의 물의 질량'으로 제작됨

완성!

내 최초의 정의는 이 원기의 질량이야.

걱정 마!

나머지를 부탁해!

1799년 미터가 정의된 시점에서 질량의 기본단위가 킬로그램이 되었습니다.

한국에서는 한국표준과학연구원에 일본에서는 일본 산업기술종합연구소에 보관되어 있습니다.

국제킬로그램원기를 보관하는 세계의 연구소

1889년 제작된 이 원기는 그 후 복제되어 표준원기로서 세계 각국에 배포되었습니다.

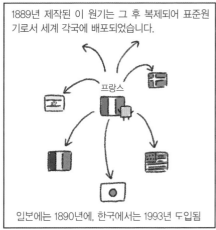

일본에는 1890년에, 한국에서는 1993년 도입됨

새로운 정의

그래서 2019년 5월 20일에 새롭게 정의된 거야.

정말 미미한 변화이지만 더는 무시할 수 없게 돼버렸지.

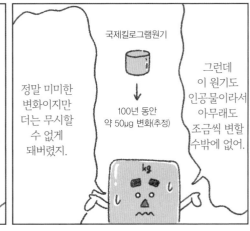

국제킬로그램원기

100년 동안 약 50μg 변화(추정)

그런데 이 원기도 인공물이라서 아무래도 조금씩 변할 수밖에 없어.

앞으로도 나의 활약을 지켜봐 줘!

130년 만에 질량의 정의가 바꼈어!

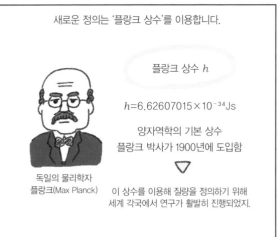

새로운 정의는 '플랑크 상수'를 이용합니다.

플랑크 상수 h

$h = 6.62607015 \times 10^{-34} Js$

양자역학의 기본 상수 플랑크 박사가 1900년에 도입함

독일의 물리학자 플랑크(Max Planck)

이 상수를 이용해 질량을 정의하기 위해 세계 각국에서 연구가 활발히 진행되었지.

킬로그램 정의의 변천사

1795년

그램이 정의됨
1기압, 0℃(그 후 3.98℃로 변경)에서
물 1cm³의 질량

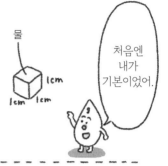

처음엔
내가
기본이었어.

― ― ― ― ― 기본단위를 변경 ― ― ― ― ― ― ― ― ― ― ―

1799년

기본단위가 킬로그램으로 변경됨
아르시브 킬로그램원기의 질량

이게 내
첫 정의야.

― ― ― ― 정확도의 부족으로 ― ― ― ― ― ― ― ― ―
새로운 원기를 제작함

1889년

국제킬로그램원기의 질량

그전까지의
정의는
이거야.

― ― ― ― ― ― ― ― ― ― ― ― ― ― ― ― ― ― ―

지금은 '플랑크 상수'로
정의가 바뀌었지!

앞으로도
지켜봐줘!

킬로그램 군 프로필

전자 군

전자
$9.1 \times 10^{-31} kg$

1L 우유팩에 들어 있는 우유
약 1kg

쌀 1가마니
약 80kg

질량의 예

단 위 기 호 **kg**

정의

플랑크 상수($h=6.62607015 \times 10^{-34}$Js)를
이용하여 정의한다. 여기서 J · s는
$kg \cdot m^2 \cdot s^{-1}$과 같은 단위다.

깨알 정보	특기	성격
'그램(gram)'은 '작은 무게'라는 뜻의 그리스어가 유래임	그냥 보기만 해도 질량을 알아낸다.	보기와 다르게 행동이 날렵하다.

재미있는 만화
킬로그램 군의 특기

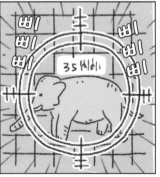

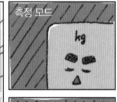

91

질량의 단위는 길이의 단위 못지않게 종류가 다양해요.

내 친척들을 소개할게.

그럼 지금부터

질량과 관련된 다른 단위들

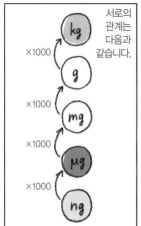

서로의 관계는 다음과 같습니다.

×1000
×1000
×1000
×1000

인간의 세포 하나가 1ng

화산재 10알이 1μg

소금 10톨이 1mg

10원짜리 동전 하나가 1.22g

나노그램 군
(기호: ng)

마이크로그램 군
(기호: μg)

밀리그램 군
(기호: mg)

그램 군
(기호: g)

푹신 푹신~

덩치 큰 북극곰이 약 1t이래.

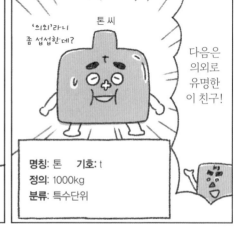

'의외'라니 좀 섭섭한데?

톤 씨

다음은 의외로 유명한 이 친구!

명칭: 톤 기호: t
정의: 1000kg
분류: 특수단위

돈은 금 거래에서 여전히 쓰이고 있어요.

금의 질량
↓
1돈

명칭: 돈
　　　근(斤)
　　　관(貫)
정의: 돈(3.75g)
　　　근(600g)
　　　관(3.75kg)
분류: 비법정단위

우리나라에서 예로부터 사용된 친구들도 있어요

척관법
멤버입니다~

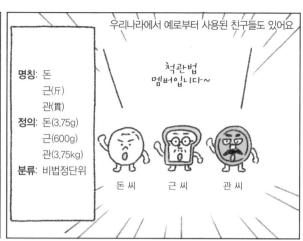

돈 씨　　근 씨　　관 씨

옛날에는 이 씨앗을 분동처럼 사용했대.

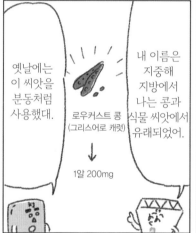

로우커스트 콩
(그리스어로 캐럿)
↓
1알 200mg

내 이름은 지중해 지방에서 나는 콩과 식물 씨앗에서 유래되었어.

다이아몬드에 쓰이고 있어.

캐럿 양

명칭: 캐럿
기호: ct
정의: 200mg
분류: 특수단위

그리고 보석 하면 이 단위!

그럼 이 친구들을 비교해볼게~

야드파운드법에서 지금도 사용되는 친구들입니다.※

온스 군　　파운드 씨

16온스가 1파운드야~

권투의 체중과 볼링공 단위는 나야~

명칭: 온스, 파운드　　**기호**: oz, lb
정의: 온스(약 28.35g), 파운드(약 454g)
분류: 비법정단위

※여기서는 상용 파운드, 상용 온스를 의미한다.

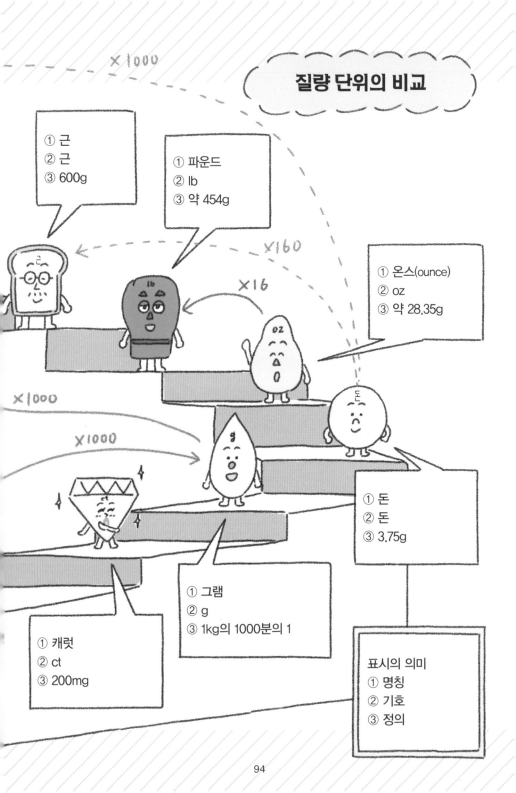

질량 단위의 비교

×1000

① 근
② 근
③ 600g

① 파운드
② lb
③ 약 454g

×160

×16

① 온스(ounce)
② oz
③ 약 28.35g

×1000

×1000

① 돈
② 돈
③ 3.75g

① 그램
② g
③ 1kg의 1000분의 1

① 캐럿
② ct
③ 200mg

표시의 의미
① 명칭
② 기호
③ 정의

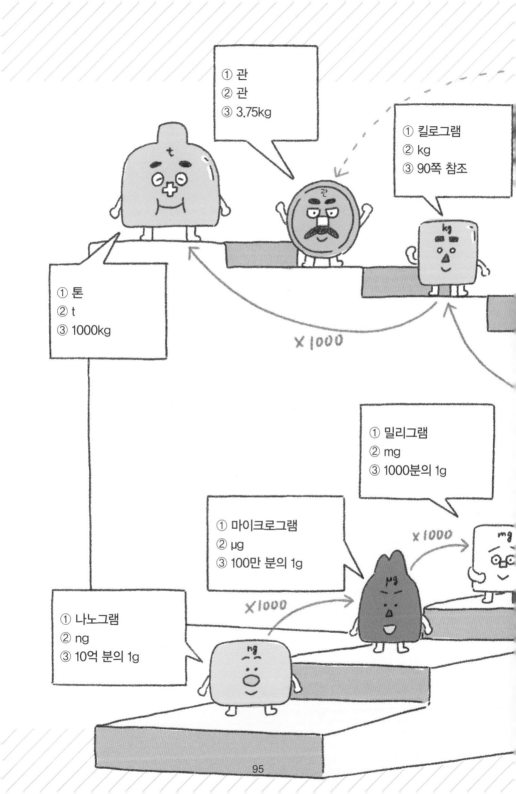

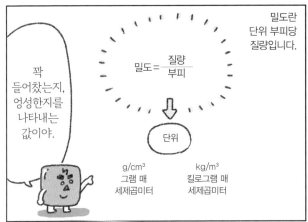

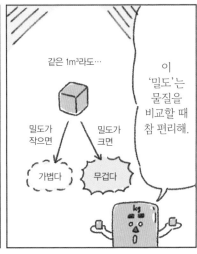

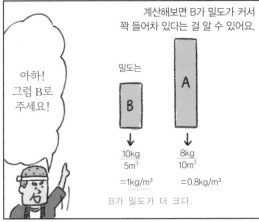

왕이 말하기를, 왕관을 만들라고 장인에게 금괴를 주었는데…

금괴

네!

이걸로 만들어라.

며칠 후

짠!

왕관입니다!

어느 날 수학자 아르키메데스가 왕으로부터 명령을 받았어요.

아르키메데스, 이 왕관이 순금인지 아닌지 밝혀다오.

왜 그러신가요?

명령을 받은 아르키메데스에게도 이 문제는 너무나 어려웠어요.

머리도 식힐 겸 목욕이나 하자.

하, 모르겠어…

그런데 어느 날 왕이 이런 소문을 듣게 되었어요.

장인이 왕관에다 싸구려 은을 섞었대.

소곤 소곤

뭐라고?!

그렇군요. 알겠습니다.

그래서 자네가 한번 조사해 줬으면 하네.

이런 얘기를 들었는데 그게 사실인지 알 수가 없소.

알았어! 벌떡 유레카!

콸콸

후~

앗!

첨벙~

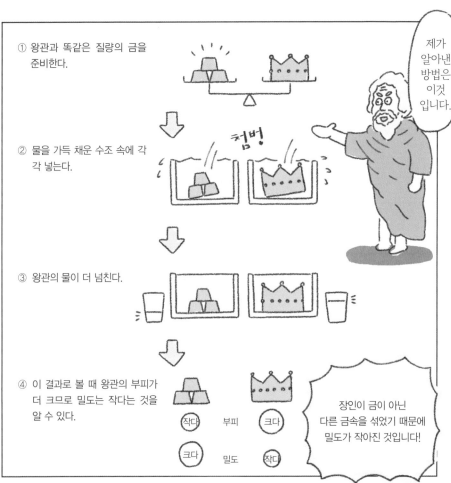

① 왕관과 똑같은 질량의 금을 준비한다.

제가 알아낸 방법은 이것입니다.

② 물을 가득 채운 수조 속에 각각 넣는다.

첨벙

③ 왕관의 물이 더 넘친다.

④ 이 결과로 볼 때 왕관의 부피가 더 크므로 밀도는 작다는 것을 알 수 있다.

작다 부피 크다

크다 밀도 작다

장인이 금이 아닌 다른 금속을 섞었기 때문에 밀도가 작아진 것입니다!

이런 이야기인데요, 2000년도 훨씬 전의 일이라 이야기가 진짜인지 가짜인지 알 수가 없다고 하네요.

미끄덩

헤헤헤헤

이렇게 하여 아르키메데스는 왕관에 은이 섞였다는 것을 증명해냈어요.

자, 잘못했어요!

장인

질 질 질

이 장인을 옥에 가두어라!

끄덕 끄덕

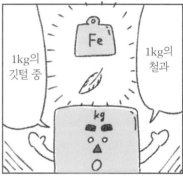

어떤 물체를 움직이거나 속도를 더하는 것을 물리에서는 '힘'이라고 합니다.

그리고 '힘'에도 단위가 있어.

힘의 단위

보다시피 뉴턴이 내 이름의 유래야.

영국의 과학자
뉴턴(Isaac Newton)

그 단위가 나야.

명칭: 뉴턴　　**단위:** 힘　　**기호:** N
분류: 고유 명칭과 기호로 표시되는 유도단위

힘의 단위 뉴턴의 정의는 다음과 같습니다.

작은 사과 (약 100g)를 들었을 때의 무게가 대략 1N이야.

1N이란 1kg의 물체에 1m/s²의 가속도를 생성시키는 힘의 크기

기본단위로만 나타내면
$1N = 1kg \cdot m \cdot s^{-2}$가 된다.

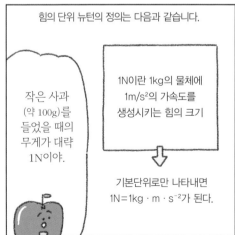

뉴턴은 힘에 대한 다음과 같은 관계식을 유도해 냈어요.

뉴턴의 운동방정식

$$\underset{(N)}{\text{힘}} = \underset{(kg)}{\text{질량}} \times \underset{(m/s^2)}{\text{가속도}}$$

바로 이 식이야!

100

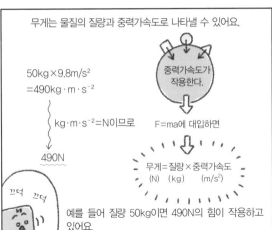

무게는 물질의 질량과 중력가속도로 나타낼 수 있어요.

중력가속도가 작용한다.

$50kg \times 9.8m/s^2$
$=490kg \cdot m \cdot s^{-2}$

$kg \cdot m \cdot s^{-2}=N$이므로

490N

F=ma에 대입하면

무게=질량×중력가속도
(N) (kg) (m/s²)

끄덕 끄덕

예를 들어 질량 50kg이면 490N의 힘이 작용하고 있어요.

맞아! 무게는 지구로부터 받는 힘이야.

무게※도 힘의 한 종류지?

무사히 돌아왔다...

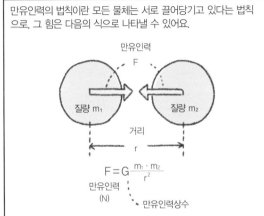

만유인력의 법칙이란 모든 물체는 서로 끌어당기고 있다는 법칙으로, 그 힘은 다음의 식으로 나타낼 수 있어요.

만유인력
F

질량 m₁

질량 m₂

거리
r

$F = G \dfrac{m_1 \cdot m_2}{r^2}$

만유인력
(N)

만유인력상수

뉴턴이 발견한 만유인력의 법칙은 '무게'와도 관련이 있어.

툭

그래!

이번엔 '힘'과 관련된 단위를 알아보자!

역시 뉴턴이야!

수학:
미적분법의 발견

광학:
프리즘을 이용한 백색광 분해

뉴턴은 이 밖에도 훌륭한 과학적 업적을 많이 남겼어.

'압력'이란 단위 넓이당 작용하는 힘이에요.

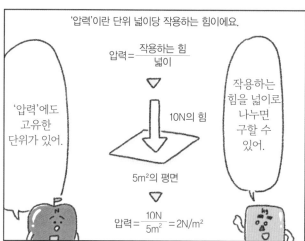

'압력'에도 고유한 단위가 있어.

$$압력 = \frac{작용하는 힘}{넓이}$$

10N의 힘

5m²의 평면

작용하는 힘을 넓이로 나누면 구할 수 있어.

$$압력 = \frac{10N}{5m^2} = 2N/m^2$$

압력의 단위

1Pa은 1m²에 1N이 작용할 때 압력 크기 $1Pa = 1N/m^2$

내 정의는 이거야.

기본단위만으로 표시하면 $1Pa = 1kg \cdot m^{-1} \cdot s^{-2}$

단위 기호는 Pa이고 파스칼이 유래야.

바로 이 친구!

파스칼 양

파스칼

명칭: 파스칼   단위: 압력   기호: Pa
분류: 고유 명칭과 기호로 표시되는 유도단위

기압이란 쉽게 말해서 공기(대기)에 가해지는 중력 이에요.

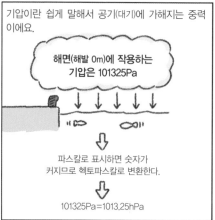

해면(해발 0m)에 작용하는 기압은 101325Pa

파스칼로 표시하면 숫자가 커지므로 헥토파스칼로 변환한다.

101325Pa=1013.25hPa

기압을 나타낼 때 쓰이니까.

일기예보에 자주 나오지.

그래 그래

물체에 일정한 힘을 가하여 그 물체를 이동시킬 때 '힘'과 움직인 '거리'의 곱을 '일'이라고 해요.

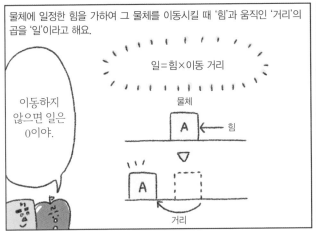

일=힘×이동 거리

물체

이동하지 않으면 일은 0이야.

힘

거리

1J이란
1N의 힘이 그 힘의 방향으로
물체를 1m 움직이는
일을 말한다.
1J=1N·m

기본단위만으로 표시하면
$1J = 1kg \cdot m^2 \cdot s^{-2}$

줄 군

여러분, 열심히 일하고 있죠?

그리고 일의 단위는 이 친구!

명칭: 줄   단위: 일   기호: J
분류: 고유 명칭과 기호로 표시되는 유도단위

에너지 보존의 법칙

줄의 법칙

줄 톰슨 효과

내 이름의 유래인 '줄'은 연구를 통해 다양한 공적을 남겼어.

집에서도 얼마든지 연구할 수 있어!

탐구심이 대단해!

영국의 물리학자 줄
(James Prescott Joule)

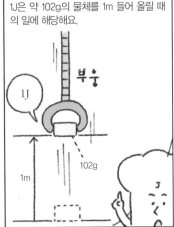

1J은 약 102g의 물체를 1m 들어 올릴 때의 일에 해당해요.

부웅

1J

102g

1m

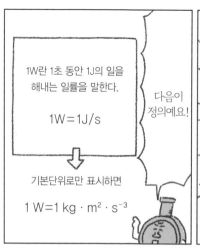

1W란 1초 동안 1J의 일을 해내는 일률을 말한다.

$$1W = 1J/s$$

다음이 정의예요!

기본단위로만 표시하면

$$1\,W = 1\,kg \cdot m^2 \cdot s^{-3}$$

이 친구 또한 일과 관련된 단위로 중요해요. '일률'이란 1초 동안 얼마큼의 일을 할 수 있는지를 나타내는 양이에요.

와트 군

'일률'의 단위예요.

명칭: 와트 **단위**: 일률 **기호**: W
분류: 고유 명칭과 기호로 표시되는 유도단위

이 단위의 유래는 영국 발명가 제임스 와트(James Watt)입니다. 그가 개발한 '와트의 증기기관'은 산업혁명에 크게 공헌했어요.

고효율의 증기기관 완성!

우와! 와트 씨, 대단해요!

와트의 증기기관

무슨 소리~

에이, 줄 군이나 뉴턴 군이 더 대단하지~

와트 군은 정말 대단해!

셋 다 대단한 거지….

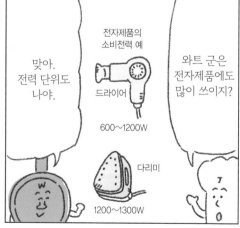

맞아. 전력 단위도 나야.

전자제품의 소비전력 예

드라이어

600~1200W

와트 군은 전자제품에도 많이 쓰이지?

다리미

1200~1300W

단위 진화로부터 우리가 배울 점

일본산업기술종합연구소 계량표준종합센터
공학계측 표준연구부문 수석연구원
후지 겐이치

질량의 단위인 킬로그램의 정의가 1889년 이래로 130년 만에 개정되었습니다. 그전까지 새로운 정의의 기준이 되는 플랑크 상수로부터 1kg 크기의 질량을 결정하는 건 최신 기술로도 결코 쉬운 일은 아니었어요. 현재 실리콘 원자 개수의 정밀측정을 통해 1kg을 구하는 X선 결정밀도법과 1kg 질량에 가해지는 중력과 맞먹는 전자기력을 구하는 키블 저울(Kibble balance)을 사용해서 킬로그램의 새로운 정의를 실현하는 것이 가능해졌습니다. 하지만 킬로그램원기보다 높은 정밀도를 자랑하는 키블 저울로 새로운 킬로그램의 정의를 실현해낼 수 있는 국가는 몇몇 나라에 그칩니다.

이는 미터가 빛의 속도에 의해 새로 정의된 1983년도의 상황과 매우 비슷해요. 당시 영국, 미국, 캐나다 3개국만이 거대한 레이저시스템으로 광주파수(약 500THz)와 세슘 원자시계에 기초한 마이크로파 주파수[약 10GHz(기가헤르츠)]를 직결시키는 데 성공했습니다.

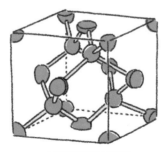

실리콘 결정구조 이미지

그러나 그 후 광주파수 계측 기술은 눈에 띄게 발전하여 1990년대에는 빛으로 원자를 냉각하는 레이저 냉각 기술이 발명되었고, 2000년대에는 광주파수 기술, 2010년대에는 광격자 시계 등이 등장했습니다. 이렇게 노벨 물리학상을 받은 연구에 버금가는 연구와 개발이 진행되면서 광주파수는 현재 도시락 크기 정도의 장치로 쉽게 측정할 수 있게 되었습니다. 이러한 새로운 기술이 광통신과 GPS 등 현대 사회의 인프라를 뒷받침하고 있습니다.

이러한 역사로부터 배울 수 있는 점은 국제단위계의 정의는 기술 혁신에 따라 앞으로도 계속 진화할 것이라는 사실입니다. 반대로 새로운 정의가 기술 혁신을 낳는 원동력이 되고 있다는 해석도 가능하죠. 킬로그램의 정의는 미터 조약에 기초한 세계적인 합의에 따라 2018년 개정되었고, 2019년 5월부터 시행하기로 하였습니다. 정의를 개정하고 10~20년이 지나면 새로운 이론과 기술이 탄생하여 매우 쉽게 1kg의 질량을 보편상수로 결정할 수 있을 것으로 기대합니다.

우리는 아직 새로운 기술이 어느 연구 분야에서 등장하고 어떤 이론에서 비롯될지 알 수 없습니다. 현재의 기술로는 매우 어려운 일이라 해도, 인간에게는 이를 극복해내는 강한 정신력이 있습니다. 프랑스 혁명 때 미터와 킬로그램의 기반을 구축한 과학자도 이와 같은 강인한 정신의 소유자들이었습니다. 물론 많은 실패도 있었죠. 그러나 이와 같은 기초 연구의 축적이 새로운 기술의 체계를 세울 것으로 기대합니다.

실리콘구 군

5장

온도란
무엇일까?

기온이나 체온과 같은 온도는 사람에게 매우 친숙한 단위입니다.

온도 이야기

먼저 온도가 무엇인지 설명할게~

열역학 온도랑 내 소개는 나중에 하고…

온도(정확하게는 열역학 온도)의 기본단위는 켈빈입니다.

기본단위는 ℃가 아니라고~

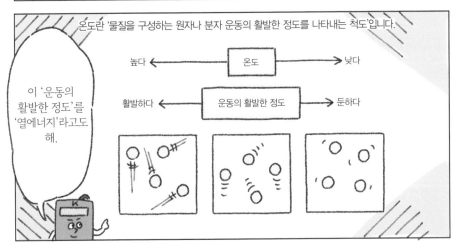

온도란 '물질을 구성하는 원자나 분자 운동의 활발한 정도를 나타내는 척도'입니다.

이 '운동의 활발한 정도'를 '열에너지'라고도 해.

높다 ← 온도 → 낮다

활발하다 ← 운동의 활발한 정도 → 둔하다

이 현상을 '열전도'라고 합니다.

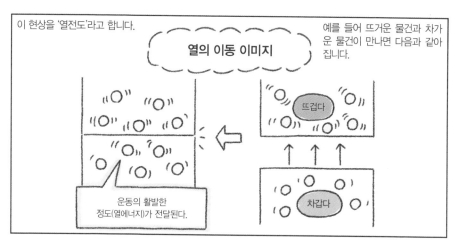

예를 들어 뜨거운 물건과 차가운 물건이 만나면 다음과 같아집니다.

열의 이동 이미지

뜨겁다

차갑다

운동의 활발한 정도(열에너지)가 전달된다.

뜨겁다는 것은 '열의 원인'인 열소가 많다는 얘기입니다,

차갑다
열소가 적다

뜨겁다
열소가 많다

아하, 그럴 듯하네~

18세기까지 인간은 열의 정체를 알지 못했어. 그전까지 '열소(熱素, 플로지스톤)'라는 물질이 있다고 믿었지.

K

드디어 19세기에 줄의 실험(Joule's experiment) 등에 의해 열이 에너지라는 사실이 밝혀지기 시작합니다.

일(에너지)이 열로 변환된다! 열소 따윈 없어!

줄의 실험 이미지

온도계

③

②

①

도르래

회전날개
물

① 추가 내려간다.
② 회전날개가 돌아간다.
③ 마찰열에 의해 수온이 상승한다.

추

이렇게 열소는 부정되었고 지금의 이론에 이르게 됩니다.

20세기에 온도의 기본단위 켈빈이 정해지기까지 많은 일들이 있었습니다.

이제 온도의 역사를 알아보자~

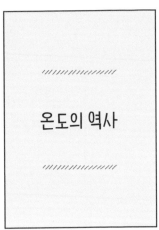

온도의 역사

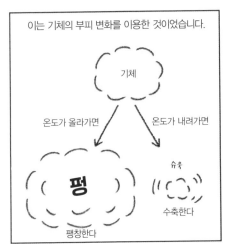

이는 기체의 부피 변화를 이용한 것이었습니다.

기체

온도가 올라가면

온도가 내려가면

펑

팽창한다

슈욱

수축한다

환자의 체온을 재려고 만들었지.

감온부(感溫部)

액면

물

16세기 후반, 갈릴레오 갈릴레이가 최초의 온도계를 제작합니다.※

※ 여러 설이 있음

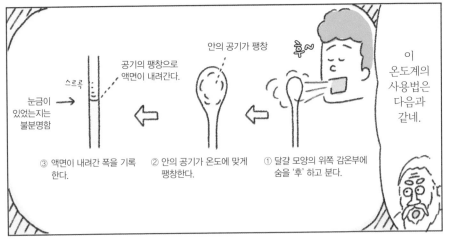

안의 공기가 팽창

후~

공기의 팽창으로 액면이 내려간다.

스르륵

눈금이 있었는지는 불분명함

이 온도계의 사용법은 다음과 같네.

③ 액면이 내려간 폭을 기록한다.

② 안의 공기가 온도에 맞게 팽창한다.

① 달걀 모양의 위쪽 감온부에 숨을 '후' 하고 분다.

온도가 올라가면 안의 알코올이 팽창하면서 액면이 올라가는 원리를 이용했죠.

피렌체의 과학자들

17세기에 피렌체(이탈리아)의 과학자들이 밀폐형 온도계를 제작했습니다.

피렌체의 온도계

눈금

감온부

알코올이 들어 있음

그게 문제야~

하지만 이 온도계는 밀폐되지 않아서 기압의 영향을 받는다는 단점이 있었어요.

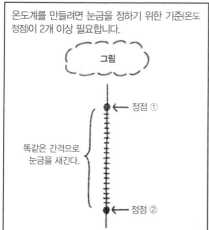

온도계를 만들려면 눈금을 정하기 위한 기준(온도 정점)이 2개 이상 필요합니다.

그림

정점 ①

똑같은 간격으로 눈금을 새긴다.

정점 ②

18세기에는 독일의 물리학자 파렌하이트(Daniel Gabriel Fahrenheit)가 새로운 온도계를 제안했습니다.

알코올을 이용한 온도계는 구식이야!

대세는 수은이지!

이렇게 세계 최초의 수은온도계가 제작되면서 널리 보급되었습니다.

이와 동시에 하나의 단위가 탄생합니다.

① 혈액 온도
  → '96도'로 함

② 얼음이 녹는 온도
  → '32도'로 함

③ 부순 얼음과 염화 암모늄을 혼합할 때의 온도
  (당시 실현 가능했던 최저온도)
  → '0도'로 함

아이 추워

그래서 저는 다음의 3점을 온도정점으로 했죠.

이 단위는 우리나라에서는 낯설지만 지금도 미국 등에서는 사용되고 있어요.

한국에서는 잘 안 쓴다네….

네, 그렇죠.

바로 화씨온도입니다.

화씨온도 군

물리학자 파렌하이트가 내 이름의 유래야~

명칭: 화씨온도   **기호**: ℉
분류: 비법정단위

당시 화씨 눈금 말고도 많은 종류의 눈금과 다양한 온도정점이 고안되었다고 합니다.

내 온도정점은 혈액 온도와 빙점인데 다른 것도 많구나.

와인 ↓

아~

지하 와인 저장창고의 온도

입안 온도

버터가 녹는 온도

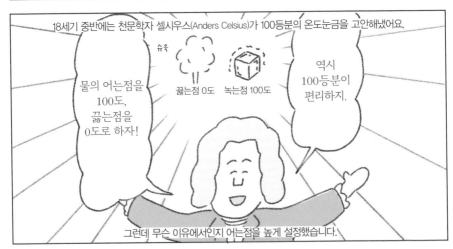

18세기 중반에는 천문학자 셀시우스(Anders Celsius)가 100등분의 온도눈금을 고안해냈어요.

슈욱

물의 어는점을 100도, 끓는점을 0도로 하자!

끓는점 0도   녹는점 100도

역시 100등분이 편리하지.

그런데 무슨 이유에서인지 어는점을 높게 설정했습니다.

이렇게 하여 지금도 여전히 쓰이는 단위가 탄생했습니다!

천문학자 셀시우스가 내 이름의 유래야.

섭씨온도 군

명칭: 섭씨온도 　　**기호**: ℃
분류: 고유 명칭과 기호로 표시되는 유도단위

그러나 그 후 어는점과 끓는점의 온도 설정을 바꾸기로 합니다.

어는점이 0도, 끓는점이 100도가 훨씬 낫죠!

죄송…

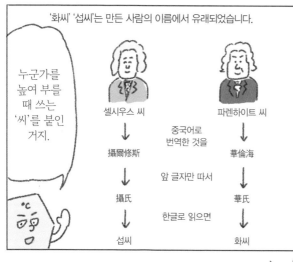

'화씨' '섭씨'는 만든 사람의 이름에서 유래되었습니다.

누군가를 높여 부를 때 쓰는 '씨'를 붙인 거지.

셀시우스 씨
↓
攝爾修斯
↓
攝氏
↓
섭씨

중국어로 번역한 것을

앞 글자만 따서

한글로 읽으면

파렌하이트 씨
↓
華倫海
↓
華氏
↓
화씨

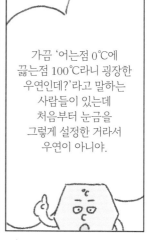

가끔 '어는점 0℃에 끓는점 100℃라니 굉장한 우연인데?'라고 말하는 사람들이 있는데 처음부터 눈금을 그렇게 설정한 거라서 우연이 아니야.

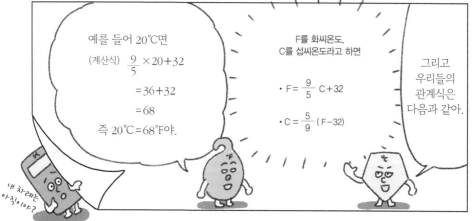

예를 들어 20℃면

(계산식) $\dfrac{9}{5} \times 20 + 32$

$= 36 + 32$

$= 68$

즉 $20℃ = 68℉$야.

F를 화씨온도, C를 섭씨온도라고 하면

· $F = \dfrac{9}{5} C + 32$

· $C = \dfrac{5}{9} (F - 32)$

그리고 우리들의 관계식은 다음과 같아.

내 차례는 아직이야?

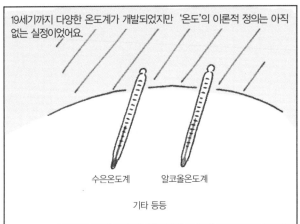

19세기까지 다양한 온도계가 개발되었지만 '온도'의 이론적 정의는 아직 없는 실정이었어요.

수은온도계 　　알코올온도계

기타 등등

켈빈 군,
드디어 탄생

절대온도!

그러던 중 19세기 중반 물리학자 켈빈 경이 기존에 없던 새로운 아이디어를 생각해냈습니다.

그건 바로…

켈빈 경
(Baron Kelvin)

멈춰!

원자의 움직임이 스톱!

온도를 점점 내리면…

물질의 온도를 극한까지 내리면 열에너지는 0이 된다.

이 에너지가 최저인 하한온도가 절대온도인데…

이 이론은 절대온도 또는 열역학 온도라 불리면서 온도의 이론적 정의가 최초로 확립되었습니다.

훗 훗 훗

0켈빈 = 절대온도

이 절대영도를 최저온도로 한 온도눈금을 만들었지.

절대영도
−273.15℃

현재는 켈빈(K)이지만 처음엔 켈빈도(°K)였습니다.

℃와 °F랑 비슷했구나.

°K ↓ K

그리고…

짠!

드디어 탄생!

켈빈 군

그리고 1968년 켈빈은 기본단위가 되었습니다.

이 정의는 바로 뒤에서 설명할게.

1K(켈빈)은
물의 삼중점 열역학 온도의
$\dfrac{1}{273.16}$ 이다.

그때 정해진 정의가 바로 이거야!

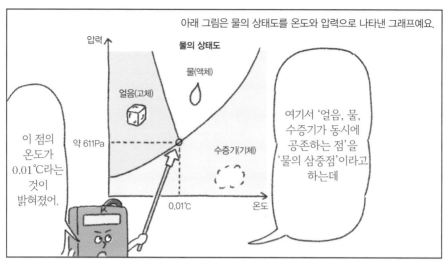

아래 그림은 물의 상태도를 온도와 압력으로 나타낸 그래프예요.

이 점의 온도가 0.01℃라는 것이 밝혀졌어.

여기서 '얼음, 물, 수증기가 동시에 공존하는 점'을 '물의 삼중점'이라고 하는데

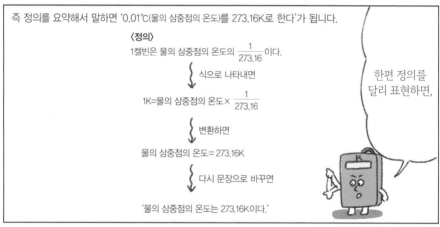

즉 정의를 요약해서 말하면 '0.01℃(물의 삼중점의 온도)를 273.16K로 한다'가 됩니다.

〈정의〉

1켈빈은 물의 삼중점의 온도의 $\frac{1}{273.16}$ 이다.

식으로 나타내면

$1K = $ 물의 삼중점의 온도 $\times \frac{1}{273.16}$

변환하면

물의 삼중점의 온도 $= 273.16K$

다시 문장으로 바꾸면

'물의 삼중점의 온도는 273.16K이다.'

한편 정의를 달리 표현하면,

273.15에 나를 더하면 돼.

그래서 섭씨온도로 환산하기도 쉬워.

〈환산식〉

$$K = C + 273.15$$
켈빈   섭씨온도

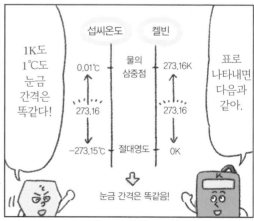

1K도 1℃도 눈금 간격은 똑같다!

표로 나타내면 다음과 같아.

눈금 간격은 똑같음!

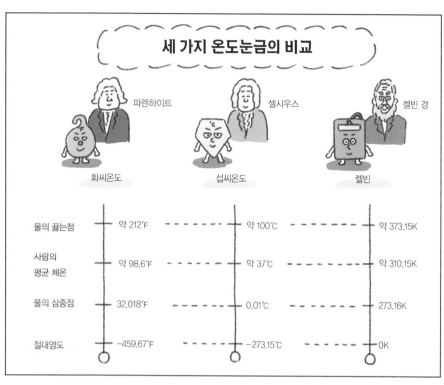

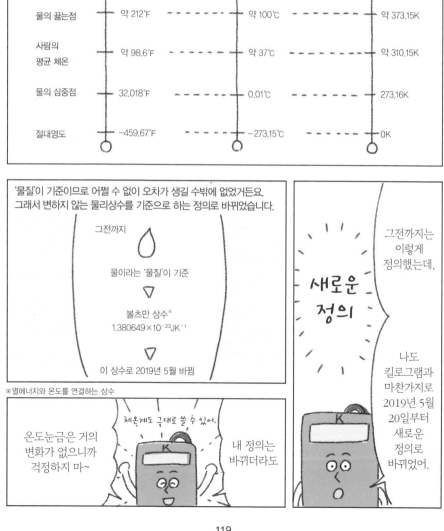

드라이아이스의 승화점
(고체에서 기체가 되는 온도)
194.65K

물의 녹는점
273.15K

태양의 표면 온도
약 6000K

온도의 예

단 위 기 호　　**K**

정의

볼츠만 상수(k=1.380649×10^{-23}JK^{-1})를 이용하여 정의한다.
여기서 J · K^{-1}은 kg · m^2 · s^{-2} · K^{-1}과 같은 단위다.

깨알 정보	특기	성격
이름의 유래인 켈빈 경의 본명은 윌리엄 톰슨이다.	온도를 정확하게 측정하는 것	얌전한 편이지만 떠들썩한 분위기를 좋아한다.

다양한 종류의 온도계

수은온도계

수은은 온도에 대한 응답이 뛰어나므로 과거에 많이 사용되었음

알코올온도계

가장 대중적인 온도계로 안에 든 액체는 알코올이 아니라 등유임

온도계는 종류가 정말 다양해~

기록온도계

기록용지에 자동으로 기록된다. 백엽상 안에 설치하여 사용되는 경우가 많다.

바이메탈온도계

두 종류의 금속을 겹쳐 붙여놓은 것(바이메탈)이 온도에 따라 변화하는 성질을 이용한 온도계

디지털온도계

전기저항의 변화에 따라 온도 변화를 읽어내는 원리를 이용한 것

최고최저온도계

사용시간에서의 최고온도와 최저온도를 측정할 수 있다.

액정 온도계

특수한 액정의 색 변화로 온도를 알 수 있다.

적외선 온도계

물체에서 방사된 적외선의 강도를 온도로 변환시키는 원리를 이용한 온도계

네~

배부르게 잘 먹었다. 오늘 점심 맛있었지?

재미있는 만화
커피

준비 완료!

기대되네~

몇 분 뒤

좋지~

참, 맛있는 커피가 있는데 한 잔 드릴까요?

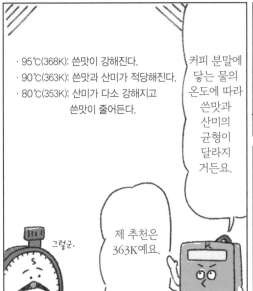

· 95℃(368K): 쓴맛이 강해진다.
· 90℃(363K): 쓴맛과 산미가 적당해진다.
· 80℃(353K): 산미가 다소 강해지고 쓴맛이 줄어든다.

커피 분말에 닿는 물의 온도에 따라 쓴맛과 산미의 균형이 달라지거든요.

그렇군.

제 추천은 363K예요.

켈빈의 팁 하나!

여기서

물의 온도?

온도

뜨거운 물을 부을 때 온도가 중요해요!

모험소설의 소재가 된 단위

일본산업기술종합연구소 계량표준종합센터
물리계측 표준연구부문 수석연구원
야마다 요시로

청소년기의 필독서인《해저 2만 리》《80일간의 세계 일주》를 쓴 프랑스 SF 소설 작가 쥘 베른(Jules Verne). 그런데 그가 '길이의 단위인 미터'에 관한 소설을 썼다는 사실은 잘 알려지지 않았습니다.

《3명의 러시아인과 3명의 영국인의 아프리카 여행》이라는 제목으로 1872년에 출간된 이 소설은 두 나라의 측량 대원들이 정밀한 삼각측량을 거듭하면서 자오선을 따라 아프리카 대륙 남부의 오렌지강에서부터 잠베지강까지 1,000km에 이르는 거리를 1년 반에 걸쳐 북상하는 여정을 그리고 있습니다.

여행의 목적은 길이의 단위인 미터의 정의를 위한 지구 크기의 정밀한 측정입니다. 미터가 도입된 당시, 이 정의는 극에서 적도까지 자오선 호의 길이의 1000만 분의 1이었습니다. 18세기 말, 이 정의에 기초한 1미터를 정확히 결정하기 위해 프랑스의 됭케르크에서 스페인 바르셀로나까지 삼각측량이 시행된 것은 잘 알려져 있죠.

하지만 지구는 완전한 구가 아니라 북극과 남극이 오목한 타원체 모양이므로 한 지점의 측정만으로는 부족하며 더욱 정확한 미터의 결정을 위해 그 이후로도

세계 각지에서 자오선 호의 측정이 시행되었습니다. 이 소설은 1854년 시행된 이와 같은 (가상의) 측정 프로젝트를 소재로 한 것입니다.

미터 도입에서 프랑스에 추월당한 영국과 러시아는 나라의 명예를 걸고 합동으로 측량 대원을 편성합니다. 하루하루 이동하면서 그곳의 위도와 경도를 천체관측으로 정확히 알아내기 위해 천문학자가 활약하고, 수학자는 정밀하게 측정한 각도 정보로 고정밀도의 삼각함수를 연산합니다.

소설의 무대는 아프리카 대륙으로, 일행은 야생동물의 습격이나 원주민의 공격과 같은 수많은 고난을 겪게 됩니다. 독자들은 이러한 미지의 세계에서 생명을 걸고 연구에 임하는 연구자들의 모험을 보면서 가슴 뛰는 전율을 느낄 수 있습니다.

러시아와 영국 본토 사이에 전쟁이 일어나면서 양국 대원 사이에 한때 갈등이 생기기도 하지만 결국에는 다시 힘을 합쳐 난국을 헤쳐 나가면서 임무를 완수해내는 드라마가 전개되지요.

소설이 출간된 지 150년 이상이 지났지만, 지금도 많은 연구자가 단위의 정의를 위한 정확한 측정과 새로운 정의의 탐구를 쉬지 않으면서 계량표준을 위해 열심히 연구하고 있습니다. 때로는 국경을 초월한 측정이 시행되고 함께 땀을 흘린 이국의 동료 사이에 우정이 싹트기도 합니다. 그러나 또 한편으로는 세계 제일의 정확도를 달성해내기 위해 고국의 명예를 걸고 최선을 다하고 있지요.

보다 보편적이면서 신뢰성 있는 단위를 향한 모험은 시공간을 초월하여 지금도 계속되고 있습니다.

잉? 누군가
날 보고 있는
느낌이…

뚫어져라…

6장

전류란
무엇일까?

우리 생활에 없어서는 안 될 '전기'.
전기와 관련된 단위는 여러 가지가 있어요.

전기가 활약하는 장소

교통수단

공장

사무실 병원 집

대표적인 것이 전류의 단위 암페어입니다. 암페어는 기본단위이기도 합니다.

전자 군

안녕~
내가 전류의
정체야.

전류는 말 그대로
'전기의 흐름'이야.
그리고 그 정체는
전자의 이동이지.

단위 기호는
A예요~

암페어 군

전자란 원자(물질을 구성하는 매우 작은 알갱이)의 구성 요소 중 하나로 음(-)의 전하※를 띠고 있습니다.

난 음전하를 띠고
있어서 양극을
향해 달려가~

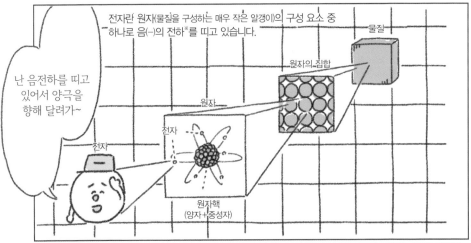

물질

원자의 집합

원자

전자

전자

원자핵
(양자+중성자)

※ 전하: 모든 전기 현상의 원인. 양과 음의 두 종류가 있으며 양전하와 음전하 사이에는 인력이 작용한다.

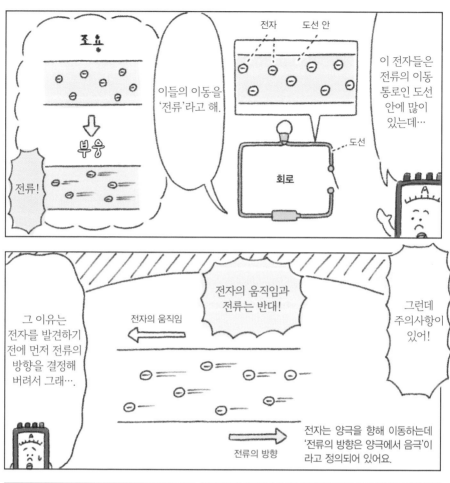

조금

이들의 이동을 '전류'라고 해.

부유

전류!

전자   도선 안

이 전자들은 전류의 이동 통로인 도선 안에 많이 있는데…

도선

회로

A

전자의 움직임과 전류는 반대!

그 이유는 전자를 발견하기 전에 먼저 전류의 방향을 결정해 버려서 그래….

전자의 움직임

그런데 주의사항이 있어!

전류의 방향

전자는 양극을 향해 이동하는데 '전류의 방향은 양극에서 음극'이 라고 정의되어 있어요.

A

이렇게 전자는 +극을 향한다는 걸 알아냈지만, 그렇다고 전류 방향의 정의를 바꿔버리면 여기저기서 혼란만 생겨. 그래서 그냥 방향은 반대로 놔두기로 한 거야~

A

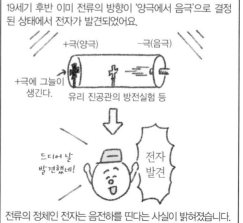

19세기 후반 이미 전류의 방향이 '양극에서 음극'으로 결정 된 상태에서 전자가 발견되었어요.

+극(양극)   −극(음극)

+극에 그늘이 생긴다.

유리 진공관의 방전실험 등

드디어 날 발견했네!

전자 발견

전류의 정체인 전자는 음전하를 띤다는 사실이 밝혀졌습니다.

암페어는 2019년 5월 전까지 이렇게 정의했어요.

정의가
좀
어렵네~

무한히 길고 무시할 수 있을 만큼
작은 원형 단면적을 가진 2개의
평행한 직선 도체가 진공 중에서
1m 간격으로 유지될 때,
두 도체 사이에 1m당 2×10^{-7}N의
힘이 생기게 하는 전류

///////////////
암페어 군과
친구들
///////////////

전하량이란
바로 전하의
양이야~

쿨롬 씨

C

전하량의
단위 쿨롬
씨예요~

명칭: 쿨롬　　**단위**: 전하량　　**기호**: C
정의: 1초간 1A의 직류전류로 운반되는 전기량

조금 복잡하니까 이 정의는 일단 건너
뛰기로 하고…

그럼 이 친구를
소개할게.

'전하량'이라는
개념을 통해서
전류를
살펴보기로 해.

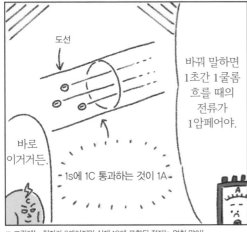

도선

바로
이거거든.

1s에 1C 통과하는 것이 1A

바꿔 말하면
1초간 1쿨롬
흐를 때의
전류가
1암페어야.

관계식

$$전류 = \frac{전하량}{시간}$$

⬇

전류는 단위 시간
(예를 들면 1초)당
흐르는 전하량을 말한다.

'전하량'과
'전류'
사이에는
다음
관계식이
성립해.

※ 그림에는 전자가 3개이지만 실제 1C에 포함된 전자는 엄청 많아!

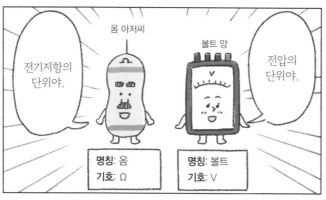

전기저항의 단위야.

옴 아저씨

명칭: 옴
기호: Ω

볼트 양

전압의 단위야.

명칭: 볼트
기호: V

그럼 다른 친구도 소개할게~

O(오)면 숫자 0이랑 헷갈리기 쉽기 때문이에요.

내 단위가 옴의 O(오)가 아닌 이유는

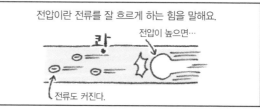

전압이란 전류를 잘 흐르게 하는 힘을 말해요.

전압이 높으면…

전류도 커진다.

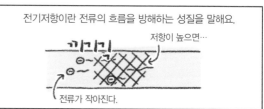

전기저항이란 전류의 흐름을 방해하는 성질을 말해요.

저항이 높으면…

전류가 작아진다.

셋 중 둘을 알면 나머지 하나도 알 수 있어요.

옴의 법칙은 전류·전압·저항의 관계를 나타내는 법칙입니다.

옴의 법칙

$$전류 = \frac{전압}{저항}$$

이 법칙을 발견한 물리학자 옴(Georg Simon Ohm)

우리 삼인방은 바로…

옴의 법칙!

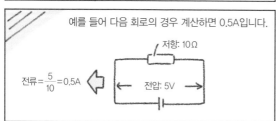

예를 들어 다음 회로의 경우 계산하면 0.5A입니다.

저항: 10Ω

$$전류 = \frac{5}{10} = 0.5A$$

전압: 5V

일률의 단위이기도 해 (4장 참고).

전력의 단위야~

와트 군

그리고 가전제품에서 자주 볼 수 있는 건 바로…

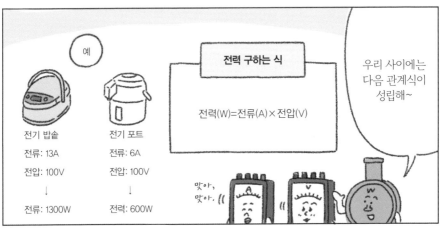

예

전기 밥솥

전류: 13A

전압: 100V

↓

전류: 1300W

전기 포트

전류: 6A

전압: 100V

↓

전력: 600W

전력 구하는 식

전력(W)=전류(A)×전압(V)

우리 사이에는 다음 관계식이 성립해~

맞아, 맞아.

우린 많은 과학자의 탐구심이 낳은 결과물이야.

와트   옴   쿨롱   볼타   앙페르

전기 단위를 탄생시킨 과학자들

전기의 단위인 우리는 서로 다음 관계식으로 연결되어 있어.

전자 1개가 1초 동안
흐를 때의 전류
약 1.6×10⁻¹⁹A

가정용 전류
10~60A

번개
약 30kA(킬로암페어)

전류의 예

단 위 기 호 　　**A**

정의

기본 전하($e = 1.602176634 \times 10^{-19}$C)를
이용하여 정의한다. 여기서 C는 A · s와 같은 단위다.

깨알 정보	특기	성격
전자력*과 질량이 균형을 이루는 현상을 이용해 전류값을 측정해내는 전류천칭이 있다.	안경을 끼면 전류를 측정해낼 수 있다.	좋아하는 일에는 완전히 몰입하는 타입

※ 전류와 자기장의 상호작용으로 발생하는 힘

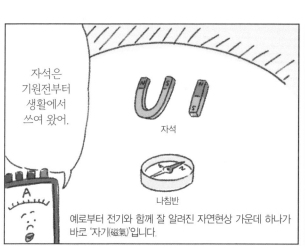

자석은 기원전부터 생활에서 쓰여 왔어.

자석

나침반

예로부터 전기와 함께 잘 알려진 자연현상 가운데 하나가 바로 '자기(磁氣)'입니다.

자기란 자석끼리 서로 끌어당기거나 반발하는 현상 또는 그 성질을 말합니다. 자석은 N극에서 S극으로 곡선(자력선)을 따라 자기장이 작용한다고 정의합니다.

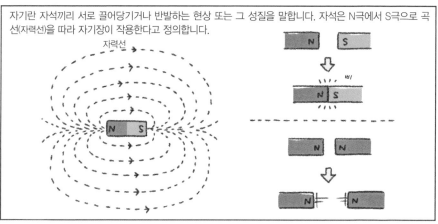

자력선

19세기 전반 덴마크의 물리학자 외르스테드는 대학에서 강의하던 중 어떤 사실을 발견하게 됩니다.

외르스테드
(Hans Christian Örsted)

여러분 오늘 실험은

이런 식으로 전류를…

지금이야 '자기'와 '전기' 사이에 관련성이 있다는 걸 알고 있지만, 오랫동안 둘은 완전히 별개의 것이라고 생각했어.

전류를 흐르게 한 도선

나침반 바늘이 움직여?

이, 이건 대발견이다!

나침반

흘려보기로…

그리고 이 위대한 발견은 유럽 과학자들 사이에 금세 퍼지면서 전자기학※ 발전의 기폭제가 되었지.

※ 전자기학: 전기와 자기에 관한 현상을 다루는 물리학의 한 분야

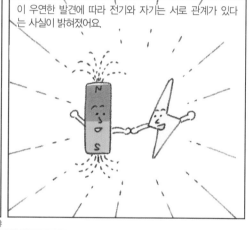

이 우연한 발견에 따라 전기와 자기는 서로 관계가 있다는 사실이 밝혀졌어요.

그래서 내 이름의 유래는 앙페르야.

오른나사의 법칙~

이름하여…

또한 같은 해에 프랑스의 물리학자 앙페르(André-Marie Ampére)가 하나의 법칙을 발견했어요.

135

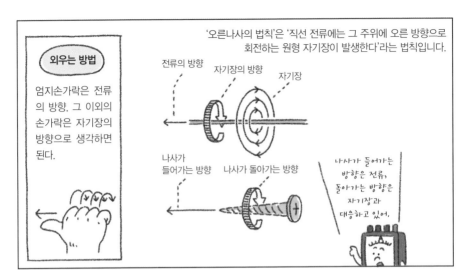

'오른나사의 법칙'은 '직선 전류에는 그 주위에 오른 방향으로 회전하는 원형 자기장이 발생한다'라는 법칙입니다.

외우는 방법

엄지손가락은 전류의 방향, 그 이외의 손가락은 자기장의 방향으로 생각하면 된다.

전류의 방향
자기장의 방향
자기장

나사가 들어가는 방향
나사가 돌아가는 방향

나사가 들어가는 방향은 전류, 돌아가는 방향은 자기장과 대응하고 있어.

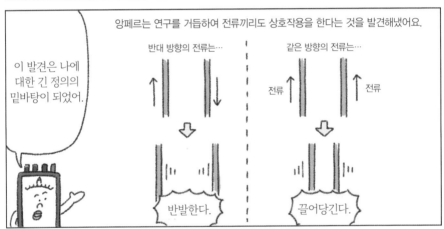

앙페르는 연구를 거듭하여 전류끼리도 상호작용을 한다는 것을 발견해냈어요.

이 발견은 나에 대한 긴 정의의 밑바탕이 되었어.

반대 방향의 전류는…

같은 방향의 전류는…

전류

전류

반발한다.

끌어당긴다.

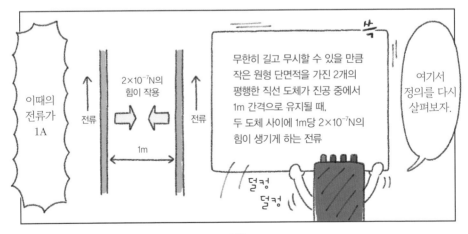

이때의 전류가 1A

2×10⁻⁷N의 힘이 작용

전류

전류

1m

무한히 길고 무시할 수 있을 만큼 작은 원형 단면적을 가진 2개의 평행한 직선 도체가 진공 중에서 1m 간격으로 유지될 때, 두 도체 사이에 1m당 2×10^{-7}N의 힘이 생기게 하는 전류

여기서 정의를 다시 살펴보자.

덜컹 덜컹

136

전자기의 현상 및 법칙

여러 개 중에서 2개만 소개할게.

◎ 패러데이의 전자기 유도: 코일에 자석을 넣었다 뺐다 하면
그때만 전류가 흐르는 현상

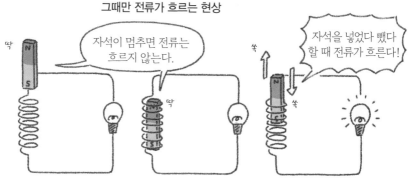

자석이 멈추면 전류는 흐르지 않는다.

자석을 넣었다 뺐다 할 때 전류가 흐른다!

◎ 플레밍의 왼손법칙: 전류·자기장·작용하는 힘의 방향의 관계성을 설명한 법칙

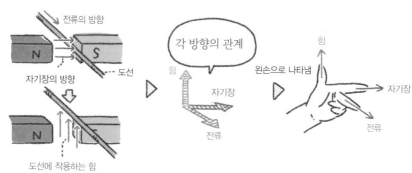

전류의 방향

자기장의 방향

도선

도선에 작용하는 힘

각 방향의 관계

힘

자기장

전류

왼손으로 나타냄

힘

자기장

전류

지금까지는 내 정의로부터 쿨롬을 결정했지만, 그 순서가 바뀌는 거야. 좀 더 이해하기 쉬운 정의로 바뀌었으니까 기대해도 좋아~

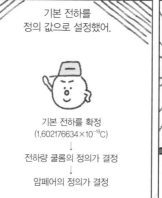

기본 전하를 정의 값으로 설정했어.

기본 전하를 확정
(1.602176634×10⁻¹⁹C)
↓
전하량 쿨롬의 정의가 결정
↓
암페어의 정의가 결정

새로운 정의

지금은 이 정의를 쓰지 않아. 킬로그램 군과 마찬가지로 정의가 바뀌었거든.

공헌한 위인들

수많은 과학자 중에서 18~19세기에 활약한 위인들을 중심으로 소개할게.

마이클 패러데이
(Michael Faraday, 1791~1867년)

영국의 물리학자·화학자. '전자기 유도의 법칙'을 발견함. 그의 이름은 정전용량의 단위인 패럿(F)의 유래가 되었음.

알레산드로 볼타
(Alessandro Volta, 1745~1827년)

이탈리아의 물리학자. 구리, 아연, 황산을 이용한 '볼타전지'를 발명함. 그의 이름은 전압의 단위 볼트(V)의 유래가 되었음.

앙드레 앙페르
(André-Marie Ampère, 1775~1836년)

프랑스의 물리학자. '오른나사의 법칙'을 발견함. 그의 이름은 전류의 단위 암페어(A)의 유래가 되었음.

카를 프리드리히 가우스
(Carl Friedrich Gauss, 1777~1855년)

독일의 수학자. 전하와 전기장의 관계를 나타내는 '가우스의 법칙'을 발견하는 등, 수학 이외의 분야에서도 활약함.

한스 크리스티안 외르스테드
(Hans Christian Ørsted, 1777~1851년)

덴마크의 물리학자. 전류의 자기작용을 발견하여 전자기학의 기초를 마련함.

전자기학 발전에

게오르크 옴
(Georg Simon Ohm, 1789~1854년)

독일의 물리학자. '옴의 법칙'을 발견함. 그의 이름은 전기저항의 단위인 옴(Ω)의 유래가 되었음.

루이지 갈바니
(Luigi Galvani, 1737~1798년)

이탈리아의 해부학자. 해부 중 개구리 다리가 두 종류의 금속 접촉으로 경련을 일으킨다는 사실을 발견함. 볼타 전지 발명의 계기를 마련함.

빌헬름 베버
(Wilhelm Eduard Weber, 1804~1891년)

독일의 물리학자. 지자기(地磁氣, 지구에 있는 자기)의 관측과 전자기의 단위 통일에 공헌함. 그의 이름은 자속(磁束)의 단위인 웨버(Wb)의 유래가 되었음.

샤를 쿨롱
(Charles Augustin de Coulomb, 1736~1806년)

프랑스의 물리학자. 전자기학의 기본법칙인 '쿨롱의 법칙'을 발견함. 그의 이름은 전하량의 단위 쿨롬(C)의 유래가 되었음.

제임스 맥스웰
(James Clerk Maxwell, 1831~1879년)

영국의 물리학자. 패러데이가 발견한 사실을 수학으로 정리하여 전자기학의 이론을 확립함.

존 다니엘
(John Frederic Daniell, 1790~1845년)

영국의 화학자. 볼타 전지를 개량하여 기전력의 변화가 적고 실용성이 향상된 다니엘 전지를 발명함.

암페어 군과 킬로그램 군이 동물원에 갔어요.

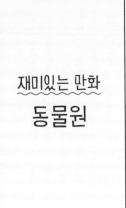

140

측정 시작!

그렇군~

삐!

0.6A

이쪽은
엘레펀트
노즈
피시!

이쪽은
전기
가오리!

...

스스로 전기를
만들어내다니
대단해~

앗

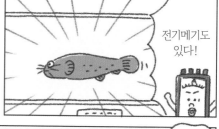

전기메기도
있다!

전기 물고기
특별전시회!

수중생물관

웬일로
전기 물고기가
이렇게 많지?

141

단위에 얽힌 여러 가지 비밀들

일본산업기술종합연구소 계량표준종합센터
물리계측 표준연구부문 수석연구원
응용전기표준연구그룹장
가네코 노부히사

지난번 출장에서 투숙한 호텔 방 호수가 1823호였습니다. 제 얼굴색이 변하고 심장박동이 빨라진 것을 호텔 프런트 직원이 눈치챘을지도 모르겠네요. 방에 들어가자마자 짐을 내던지고 저는 곧바로 계산을 시작했습니다. 역시나 소수(素數)였습니다. 과학자들은 모두 소수를 좋아합니다. 물론 이건 제 생각이지만요.

물리학자의 트렁크 열쇠 비밀번호는 '0137'이고, 수학자의 자동차 번호판은 '1729'라는 우스갯소리가 있지요. 그들이 가장 선호하는 숫자이기 때문이랍니다. '137'은 소립자 물리학에서 자주 나오는 미세구조 상수의 역수에 가까운 수치이자, 게다가 소수입니다. 물리학자라면 누구나 알고 있고 좋아하는 숫자 중 하나입니다. '1729'는 수학자 하디와 라마누잔이 택시에서 나눈 일화로 유명해진 두 세제곱수의 합으로 나타낼 수 있는 최소의 수입니다. 수학자라면 누구나 알고 있고 좋아하는 수 중 하나죠. 둘 다 외우기도 편하고요.

미세구조 상수는 빛의 속도, 자기 상수(진공의 투자율이라 불리기도 함), 플랑크 상수 그리고 기본 전하 제곱의 조합으로 만들어지는 무차원수입니다. 이러한 기초 물리상수가 극단적으로 크거나 작거나 하는 것에 비하면 이들을 조합한 1/137은 참 아름다운 숫자죠. 예를 들면 빛의 속도는 10^8을 곱한 숫자이고 자기 상수는 10^{-7}, 플랑크 상수는 10^{-34}, 기본 전하는 10^{-19}로 이미 매우 작은 숫자인데도 그 제곱이니 10^{-38}입니다. 그런데 이들을 조합하면 신기하게도 거듭제곱들이 상쇄되면서 우연히도 약 1/137이라는 간단한 숫자가 나옵니다.

현재의 국제단위계에서 빛의 속도와 자기 상수는 물리상수로 계산합니다. 이를 고려하면 미세구조 상수를 측정할 때 부정확성은 플랑크 상수와 기본 전하의 제곱을 측정할 때 부정확성과 바로 연결됩니다. 구체적으로는 미세구조 상수는 '(기본전하의 제곱)÷(플랑크 상수)'에 비례하는 형태로 기술됩니다. 그 비례계수에 빛의 속도와 자기 상수가 들어갑니다.

실은 '(플랑크 상수)÷(전기소량의 제곱)' 그로 기술되는 기초 물리상수가 있습니다. 이를 '폰 클리칭 상수'라고 하며, 25813 정도의 값이 됩니다. 이 또한 간단하고 외우기 쉬운 숫자입니다. 참 아름답지 않나요? 예전에 제 컴퓨터 비밀번호로 사용했습니다. 들통 나기 쉬우니 별로 권하고 싶지는 않네요.

또 하나 놀라운 것은 폰 클리칭 상수의 단위는 저항, 즉 Ω이라는 사실입니다. 즉 '(플랑크 상수)÷(전기소량의 제곱)~25813Ω'입니다. 여기서 다소 우리와는 상관 없을 것 같은 소립자 물리학이 동원되는데, 쉽게 측정할 수 있는 전기측정과 연결되어 있습니다. 실제로 이 상수는 양자화 저항이라 불리며 종종 물성물리학 특히 나노구조를 이용한 물리학에 등장합니다. 이 상수를 발견한 과학자인 클라우스 폰 클리칭(Klaus von Klitzing)이 노벨상을 수상한 계기가 된 논문의 제목도 '양자화 홀 저항에 의한 미세구조 상수 정밀측정의 새로운 방법'입니다.

이 양자화 홀 저항은 매우 높은 보편성과 안정성을 지니므로 '저항표준'으로 이용되고 있습니다. 실제로는 이의 반값인 약 12906Ω의 양자화 홀 저항값이 사용됩니다. 게다가 다행스럽게도 현재의 전자기술로 가장 오차를 적게 하여 측정할 수 있는 것이 10000Ω 부근이므로 그야말로 이 스위트스폿(골프채, 라켓, 배트 등으로 공을 칠 때, 많은 힘을 들이지 않고 원하는 방향으로 멀리 빠르게 날아가게 만드는 최적 지점-옮긴이)에 딱 들어맞습니다. 극도로 크거나 작은 값의 조합이 우리 인류가 매우 측정하기 편한 값으로 수렴했다는 것은 정말 대단한 일입니다. 말 그대로 행운이지요. 아니면 뭔가 필연이 숨어 있는 걸까요? 만약 기초 물리상수가 조금이라도 달랐다면 저항표준을 사용하기에 다소 불편해졌을지 모릅니다. 물론 그 세상에서는 또 다른 '지적 생물'이 색다른 정밀 측정을 하고 있을지도 모르겠네요.

7장

광도란
무엇일까?

밝기의 단위 '광도(光度, luminous intensity)'는 기본단위 중에서 유일하게 사람의 감각에 기원을 두고 있어요.

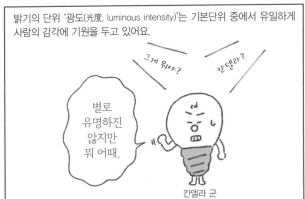

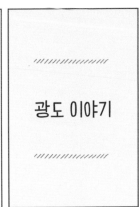

인간이 밝음을 느끼는 빛은 가시광선(可視光線)이라 불리며 전자파 중에서 대략 380~780nm 영역의 파장입니다.

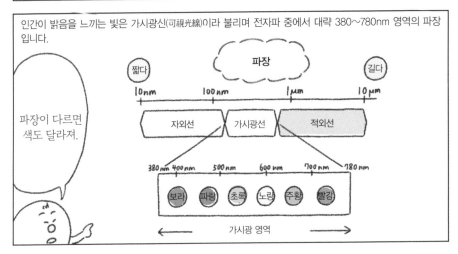

반면 칸델라가 단위인 광도는 광원을 어떤 방향에서 바라볼 때의 밝기로, 영역이 제한됩니다.

특정 부분의 밝기

→ 칸델라로 나타낸다.

루멘은 광속의 단위입니다. 광속이란 광원에서 나오는 모든 빛의 총량을 말합니다.

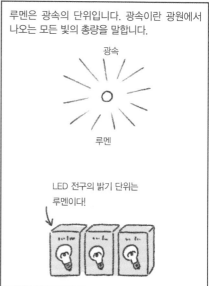

광속

루멘

LED 전구의 밝기 단위는 루멘이다!

이 면의 밝기

↓

럭스로 나타낸다.

한편 럭스는 조도를 나타냅니다. 조도란 광원이 비춘 면의 밝기를 말합니다.

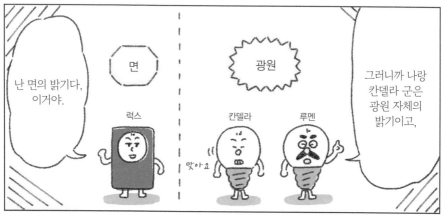

난 면의 밝기다, 이거야.

면

럭스

광원

칸델라

루멘

맞아요

그러니까 나랑 칸델라 군은 광원 자체의 밝기이고,

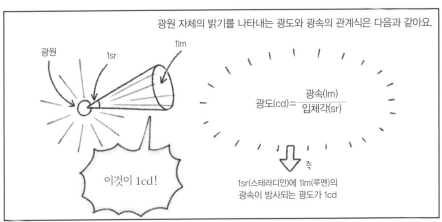

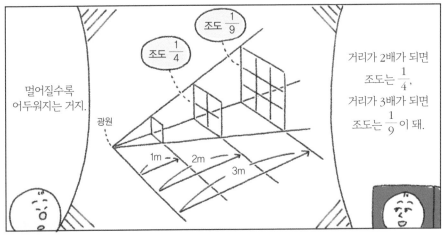

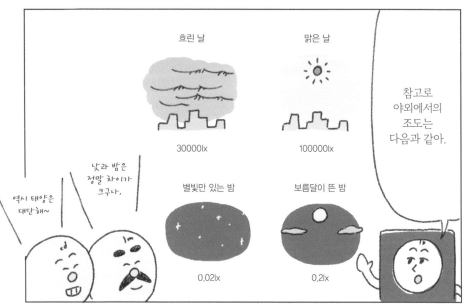

흐린 날

30000lx

맑은 날

100000lx

별빛만 있는 밤

0.02lx

보름달이 뜬 밤

0.2lx

참고로 야외에서의 조도는 다음과 같아.

역시 태양은 대단해~

낮과 밤은 정말 차이가 크구나.

산업안전보건법

어디 보자

정밀 작업
600lx

국가화재안전기준

영화관에서의 객석유도등
100lx 이상

그리고 법으로 시설이나 실내의 최저조도가 정해져 있어.

학교보건법 시행규칙

컴퓨터실의 책상 위
300~600lx

교실과 칠판
500lx 이상

그렇구나~

잠깐, 잠깐!

비슷한 것 중에 '평면각'이란 게 있어.

앞에서 살짝 나왔던 '입체각' 말인데…

평면각과 입체각

경도와 위도를 사용하면 어느 지점이라도 나타낼 수 있습니다.

한국의 정중앙은 강원도 양구군 남면 도촌리 산48번지 동경 128° 북위 38°

여러 곳에서 쓰이고 있지. 지구상의 위치를 나타내는 경도나 위도도 나야.

도 군

각도 하면 나잖아!

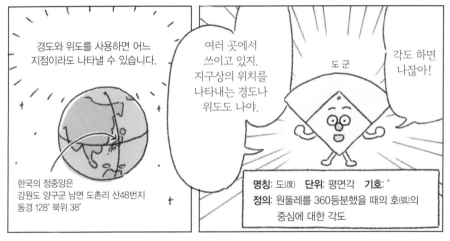

명칭: 도(度)　**단위:** 평면각　**기호:** °
정의: 원둘레를 360등분했을 때의 호(弧)의 중심에 대한 각도

'도'를 포함하는 '육십분법'과 관련하여 '호도법(弧度法, radian measure)'이라는 표현 방법이 있는데, 이에 따라 정의되는 라디안은 유도단위입니다.

육십분법

호도법

물론 이 '도'는 일반적이긴 하지만 SI 단위가 아닙니다.

함께 쓸 수 있다니까 너무 속상해 하지 마~

그런데 나는 특수단위래~

토닥 토닥

중요한 얘기니까 잘 들어.

지금부터 수학 이야기가 조금 나오는데

어? 응...

이 호도법의 단위가 바로 이 친구들입니다.

입체각의 단위예요.

평면각의 단위입니다~

스테라디안 양

라디안 군

명칭: 스테라디안	명칭: 라디안
단위: 입체각	단위: 평면각
기호: sr	기호: rad

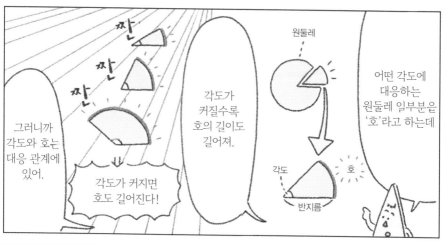

짠

짠

짠

그러니까 각도와 호는 대응 관계에 있어.

각도가 커지면 호도 길어진다!

각도가 커질수록 호의 길이도 길어져.

원둘레

어떤 각도에 대응하는 원둘레 일부분을 '호'라고 하는데

각도

호

반지름

이를 '호도법'이라고 하는데 그 각도의 단위가 바로 나야.

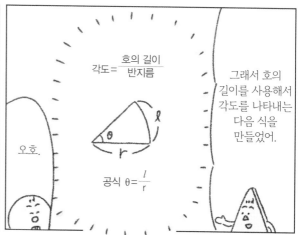

$$각도 = \frac{호의 \; 길이}{반지름}$$

오호.

공식 $\theta = \dfrac{l}{r}$

그래서 호의 길이를 사용해서 각도를 나타내는 다음 식을 만들었어.

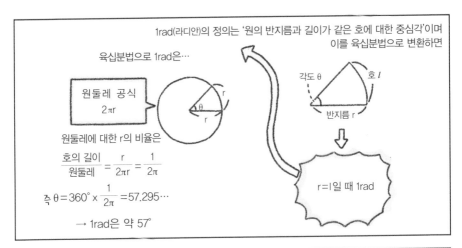

1rad(라디안)의 정의는 '원의 반지름과 길이가 같은 호에 대한 중심각'이며 이를 육십분법으로 변환하면

각도 θ / 호 l / 반지름 r

육십분법으로 1rad은…

원둘레 공식
$2\pi r$

원둘레에 대한 r의 비율은

$$\frac{\text{호의 길이}}{\text{원둘레}} = \frac{r}{2\pi r} = \frac{1}{2\pi}$$

즉 $\theta = 360° \times \dfrac{1}{2\pi} = 57.295\cdots$

→ 1rad은 약 57°

r=1일 때 1rad

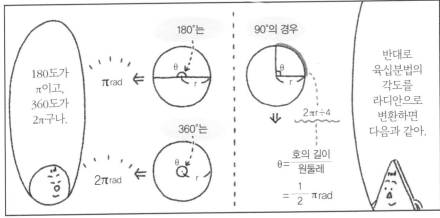

180도가 π이고, 360도가 2π구나.

180°는
πrad ←

360°는
2πrad ←

90°의 경우

$\downarrow$

$2\pi r \div 4$

$$\theta = \frac{\text{호의 길이}}{\text{원둘레}}$$

$$= \frac{1}{2}\pi\text{rad}$$

반대로 육십분법의 각도를 라디안으로 변환하면 다음과 같아.

$$\text{각도} = \frac{\text{호의 길이}}{\text{원둘레}}$$

$$\text{rad} = \frac{m}{m}$$

$$= 1$$

왠지 멋지네~

무차원!

그리고 난 길이를 길이로 나눈 단위이기 때문에 무차원(無次元)이야.

육십분법에는 1회전을 360도라고 정해놓았지만 호도법에는 그런 숫자가 없어. 이러한 간결함이 호도법의 특징이야.

입체각이란 라디안의 입체 버전으로 반지름과 다음 같은 식이 성립됩니다.

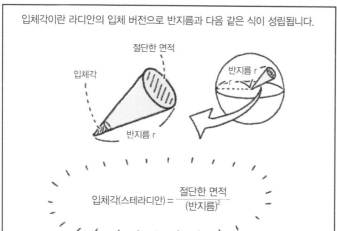

절단한 면적

입체각

반지름 r

반지름 r

$$입체각(스테라디안) = \frac{절단한\ 면적}{(반지름)^2}$$

그럼 이번엔 입체각을 설명할게.

입체각

대 < 중 < 소

입체각은 원뿔의 뾰족한 정도다!

내 특징은 원뿔의 꼭짓점 부분의 퍼진 정도, 즉 얼마나 뾰족한지를 나타낼 수 있다는 거야.

'스테라디안'의 '스테(ste)'는 '입체'라는 뜻이야.

참고로 '라디안'이란 '반지름'을 뜻하는 라틴어 '라디우스'가 유래고,

이 입체각에서 스테라디안이 활약!

늘 고마워~

광원

그리고 칸델라 군의 정의에도 내가 활약하고 있어.

153

칸델라는 촛불 1개의 밝기를 나타내는 '촉(燭)'
이라는 단위가 기원입니다.

촉 군

1860년
영국에서
태어났어요.

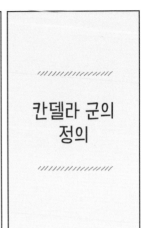

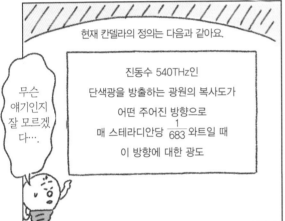

현재 칸델라의 정의는 다음과 같아요.

진동수 540THz인
단색광을 방출하는 광원의 복사도가
어떤 주어진 방향으로
매 스테라디안당 $\frac{1}{683}$ 와트일 때
이 방향에 대한 광도

무슨
얘기인지
잘 모르겠
다….

그래서 광도 긴델라도 촛불 1개와 거의
비슷한 밝기랍니다.

1cd≒1촉

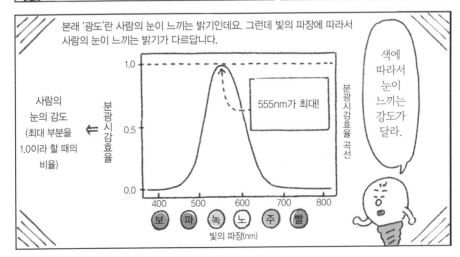

본래 '광도'란 사람의 눈이 느끼는 밝기인데요. 그런데 빛의 파장에 따라서
사람의 눈이 느끼는 밝기가 다릅니다.

색에
따라서
눈이
느끼는
강도가
달라.

사람의
눈의 감도
(최대 부분을
1.00이라 할 때의
비율)

분광시감효율

555nm가 최대!

분광시감효율 곡선

보 파 녹 노 주 빨

빛의 파장(nm)

칸델라의 정의에 '540THz인 단색광을 방출'이라는 말이 있는데, 이는 바꿔 말하면 555nm의 빛, 즉 사람의 눈이 가장 밝게 느끼는 녹색광을 의미합니다.

$$파장 = \frac{299792458m}{540 \times 10^{12}Hz}$$
$$= 555.171\cdots \times 10^{-9}$$
$$\fallingdotseq 555 \times 10^{-9}m$$

$$파장 = \frac{빛의\ 속도}{주파수}\ 이므로$$
540THz의 단색광은

555nm
(녹색)

예를 들어 녹색과 파란색 중에서 사람의 눈은 녹색을 더 밝게 느낍니다.

밝게 보인다.

어둡게 보인다.

540THz의 빛의 복사에너지(W)를 계산하면 1W는 683lm에 해당합니다.

반대로 1lm은 683분의 1W가 되는구나.

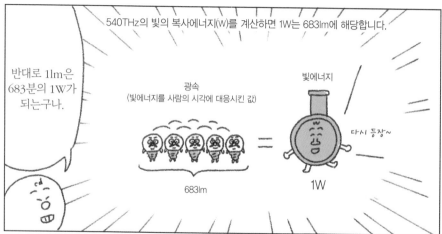

광속
(빛에너지를 사람의 시각에 대응시킨 값)

빛에너지

다시 등장~

683lm

1W

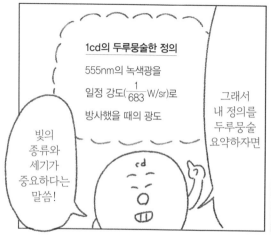

1cd의 두루뭉술한 정의

555nm의 녹색광을
일정 강도($\frac{1}{683}$ W/sr)로
방사했을 때의 광도

그래서 내 정의를 두루뭉술 요약하자면

빛의 종류와 세기가 중요하다는 말씀!

입체각당 광속을 계산하면 다음과 같아요.

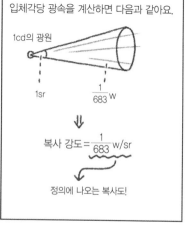

1cd의 광원

1sr

$\frac{1}{683}$ W

복사 강도 = $\frac{1}{683}$ w/sr

정의에 나오는 복사도!

칸델라 군 프로필

단 위 기 호 **cd**

정의

진동수 540THz인 단색광을 방출하는
광원의 복사도가 어떤 주어진 방향으로
매 스테라디안당 $\frac{1}{683}$ 와트일 때
이 방향에 대한 광도

촛불
약 1cd

등대
약 10^6cd

태양
3×10^{27}cd

광도의 예

깨알 정보	특기	성격
'칸델라'라는 명칭은 '캔들(candle, 촛불)'이 유래다.	광도를 측정하는 것	거칠어 보이지만 속은 여리고 착하다.

156

재미있는 만화
정전

카드는
내가 주울게...
헤헤헤

8장

물질량이란
무엇일까?

'물질량'이란 물질을 구성하는 입자와 관련된 양을 말하며 화학에서 자주 쓰입니다.

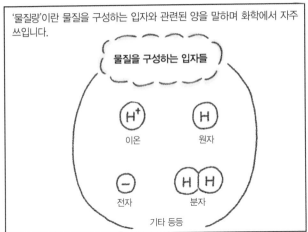

물질을 구성하는 입자들

H⁺ 이온
H 원자
− 전자
H H 분자

기타 등등

저기…

사실 별로 어렵지 않은데….

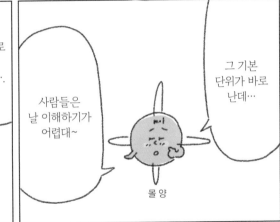

사람들은 날 이해하기가 어렵대~

그 기본 단위가 바로 난데…

몰 양

할 수 없군. 딱 한 번만 설명해줄 테니까 잘 들어.

헤헤헤, 고마워~

네가 모르면 어떡하니! 같은 기본단위인데!

사실은 나도 널 잘 모르겠어….

쓰윽

cd

칸델라 군

응.

화학 세계에선 원자나 분자의 개수가 정말 중요하거든.

개수?

물질량의 단위인 몰(mol)은 개수

쉽게 표현하면 난 그냥 '개수(個數)'에 불과해.

잉?

그럼 1개, 2개처럼 그냥 단순한 단위여도 상관없잖아.

굳이 몰이 필요해?

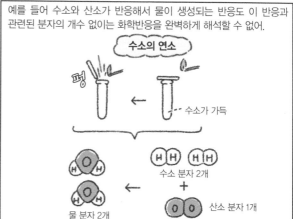

예를 들어 수소와 산소가 반응해서 물이 생성되는 반응도 이 반응과 관련된 분자의 개수 없이는 화학반응을 완벽하게 해석할 수 없어.

수소의 연소

펑

수소가 가득

수소 분자 2개
+
산소 분자 1개

물 분자 2개

불러줘서 고마워~

타?

나를 설명해줄 친구를 초대했어!

타 씨

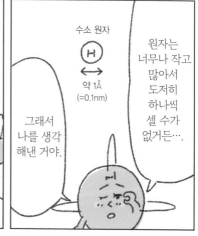

수소 원자

H

약 1Å (=0.1nm)

그래서 나를 생각해낸 거야.

원자는 너무나 작고 많아서 도저히 하나씩 셀 수가 없거든….

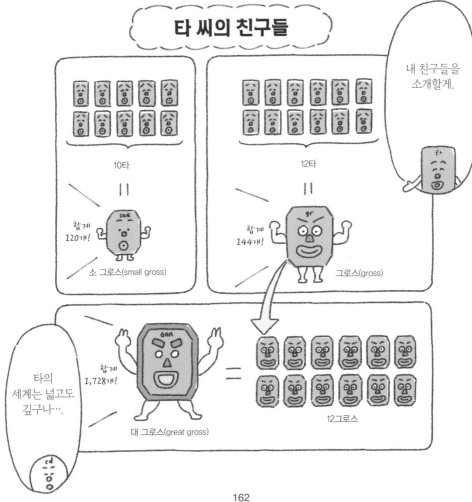

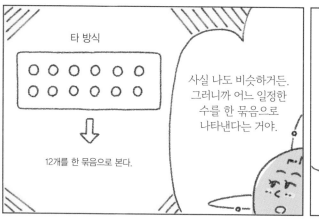

타 방식

12개를 한 묶음으로 본다.

사실 나도 비슷하거든. 그러니까 어느 일정한 수를 한 묶음으로 나타낸다는 거야.

타는 이제 알겠는데 이게 너랑 무슨 관계가 있어?

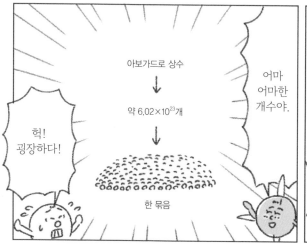

아보가드로 상수

약 6.02×10^{23}개

한 묶음

어마어마한 개수야.

헉! 굉장하다!

나 같은 경우엔 이 한 묶음을 '아보가드로 상수'라고 하는데…

그래, 좋았어!

그럼 이제 내 정의를 좀 더 자세히 설명해줄게.

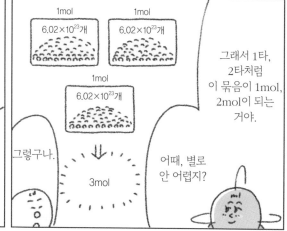

1mol
6.02×10^{23}개

1mol
6.02×10^{23}개

1mol
6.02×10^{23}개

그렇구나.

3mol

그래서 1타, 2타처럼 이 묶음이 1mol, 2mol이 되는 거야.

어때, 별로 안 어렵지?

'탄소-12'가 뭐야?

1몰은 탄소-12(^{12}C)의 0.012kg에 있는 원자의 개수와 같은 수의 구성 요소를 포함한 어떤 계의 물질량

킬로그램 군과 함께 바뀌기 전까지 나는 이렇게 정의되었어.

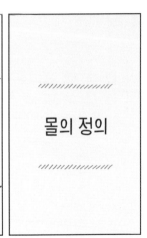

///////////////
몰의 정의
///////////////

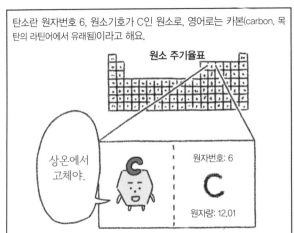

탄소란 원자번호 6, 원소기호가 C인 원소로, 영어로는 카본(carbon, 목탄의 라틴어에서 유래됨)이라고 해요.

원소 주기율표

상온에서 고체야.

원자번호: 6

C

원자량: 12.01

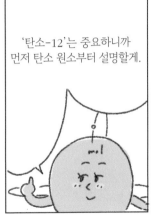

'탄소-12'는 중요하니까 먼저 탄소 원소부터 설명할게.

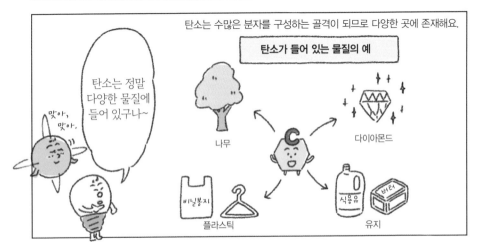

탄소는 수많은 분자를 구성하는 골격이 되므로 다양한 곳에 존재해요.

탄소가 들어 있는 물질의 예

맞아, 맞아.

탄소는 정말 다양한 물질에 들어 있구나~

나무

다이아몬드

비닐봉지

플라스틱

식용유 / 버터

유지

탄소에는 원자의 구성이 다른 '동위원소'라는 것이 있습니다.

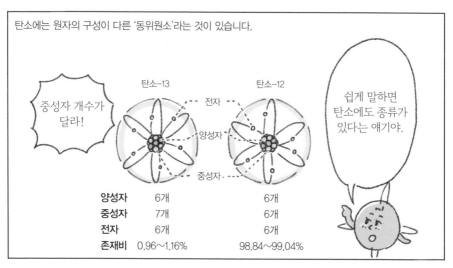

쉽게 말하면
탄소에도 종류가
있다는 얘기야.

중성자 개수가
달라!

탄소-13　　　　탄소-12

전자

양성자

중성자

	양성자	중성자	전자	존재비
탄소-13	6개	7개	6개	0.96~1.16%
탄소-12	6개	6개	6개	98.84~99.04%

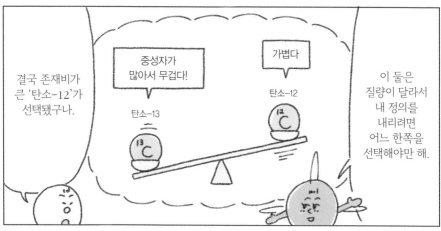

결국 존재비가
큰 '탄소-12'가
선택됐구나.

중성자가
많아서 무겁다!

가볍다

탄소-13

탄소-12

이 둘은
질량이 달라서
내 정의를
내리려면
어느 한쪽을
선택해야만 해.

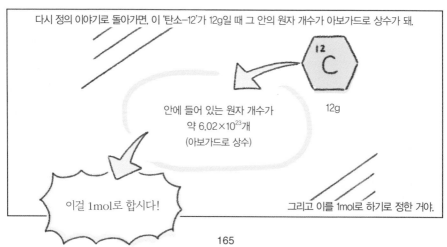

다시 정의 이야기로 돌아가면, 이 '탄소-12'가 12g일 때 그 안의 원자 개수가 아보가드로 상수가 돼.

안에 들어 있는 원자 개수가
약 6.02×10^{23}개
(아보가드로 상수)

12g

이걸 1mol로 합시다!

그리고 이를 1mol로 하기로 정한 거야.

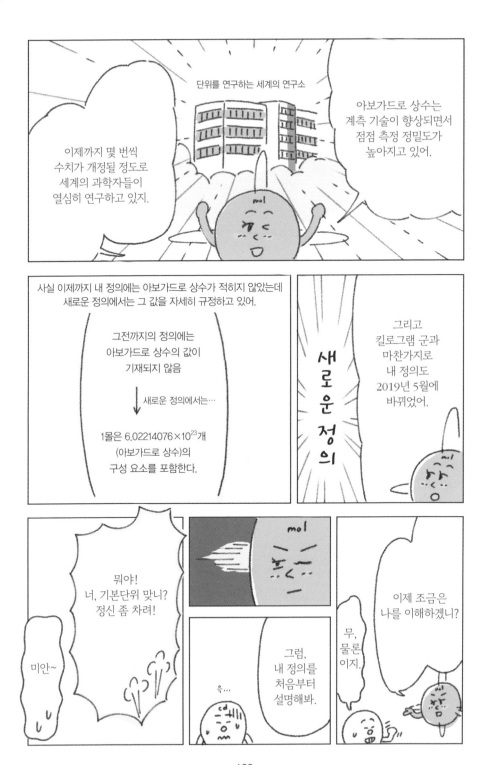

단위를 연구하는 세계의 연구소

이제까지 몇 번씩 수치가 개정될 정도로 세계의 과학자들이 열심히 연구하고 있지.

아보가드로 상수는 계측 기술이 향상되면서 점점 측정 정밀도가 높아지고 있어.

사실 이제까지 내 정의에는 아보가드로 상수가 적히지 않았는데 새로운 정의에서는 그 값을 자세히 규정하고 있어.

그전까지의 정의에는 아보가드로 상수의 값이 기재되지 않음

새로운 정의에서는…

1몰은 $6.02214076 \times 10^{23}$개 (아보가드로 상수)의 구성 요소를 포함한다.

새로운 정의

그리고 킬로그램 군과 마찬가지로 내 정의도 2019년 5월에 바뀌었어.

뭐야! 너, 기본단위 맞니? 정신 좀 차려!

미안~

그럼, 내 정의를 처음부터 설명해봐.

으…

무, 물론 이지.

이제 조금은 나를 이해하겠니?

1원짜리 동전에
포함된 알루미늄
27.1mmol

물 1컵(180g) 안에
포함된 물 분자
10mol

일본 도쿄타워에
포함된 철
70×10^6mol

물질량의 예

단 위 기 호 **mol**

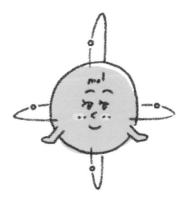

정의

① $6.02214076 \times 10^{23}$개의 구성 요소를 포함한 어떤 물질의 집단. 이 숫자는 아보가드로 상수 N_A를 mol^{-1} 단위로 나타낼 때 정해지는 수치로서 아보가드로 수라고 부른다.
② 몰을 사용할 때 구성 요소가 지정되어야 하는데 이는 원자, 분자, 이온, 전자, 그 외의 입자 또는 그런 입자들의 특정한 집합체가 될 수 있다.

깨알 정보	특기	성격
몰은 'molecule(분자)'에서 유래되었음.	보기만 해도 물질량을 측정할 수 있다.	보기보다 세다.

계속 정전 중

그런데 가끔 이런 것도 나쁘지 않은데?

언제 불이 들어올까?

그러네~

재미있는 만화
몰 양의 특기

쏴아아아

그날도 오늘처럼 갑자기 폭우가 쏟아져서 어쩔 수 없이 비를 피해 처마 밑에 들어갔는데…

다 젖었어~

쏴아

앗,

생각났는데… 저번에 이런 일이 있었어….

뭔데, 뭔데. 무서운 얘기야?

그나저나 도대체 비는 언제 그치는 거야.

쏴아

휘

그러다가…

쏴아아아

이 사람도 우산이 없나 보네.

쏴 으

그때 새까만 옷을 입은 긴 머리의 여자가 내 옆으로 오더라고.

그 순간… 난 보고 말았어.

꿀꺽

설마 여자가 사라진 거야?

그 여자에게 말을 걸어 볼까 하고

이렇게 갑자기 비가 올 줄은 몰랐어요.

휙

부끄럽

앗!

정확히! 딱!

싸아아아

휙

저 물방울….

똑

100mmol

100mmol 이다!

그러게 말이에요~

벌러덩

응?

그냥 깜짝 놀랐다고~

뭔가 좋은 일이 생길 거 같아서 기분이 정말 좋았어!

물 한 방울에 딱 100mmol 이라니 완전 행운이잖아!

무서운 얘기야?

그게 어째서

….

169

단위들,
연구소를 방문하다

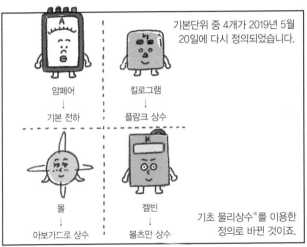

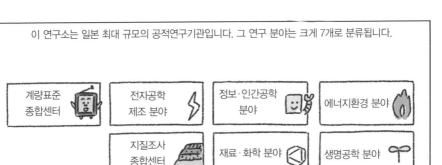

이 연구소는 일본 최대 규모의 공적연구기관입니다. 그 연구 분야는 크게 7개로 분류됩니다.

계량표준
종합센터

전자공학
제조 분야

정보·인간공학
분야

에너지환경 분야

지질조사
종합센터

재료·화학 분야

생명공학 분야

단위에 관한 연구는 바로 '계량표준종합센터(NMIJ)'에서 이루어지고 있어요.

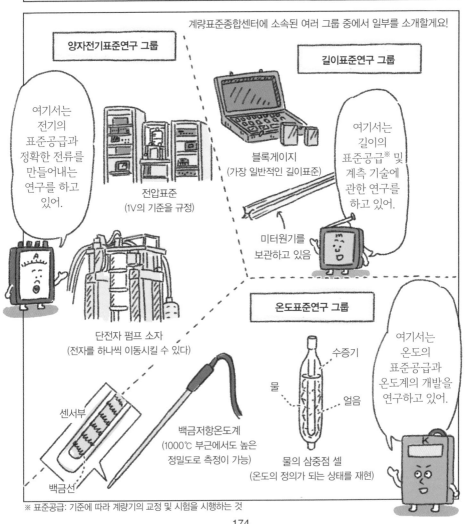

계량표준종합센터에 소속된 여러 그룹 중에서 일부를 소개할게요!

양자전기표준연구 그룹

여기서는 전기의 표준공급과 정확한 전류를 만들어내는 연구를 하고 있어.

길이표준연구 그룹

여기서는 길이의 표준공급※ 및 계측 기술에 관한 연구를 하고 있어.

블록게이지
(가장 일반적인 길이표준)

전압표준
(1V의 기준을 규정)

미터원기를
보관하고 있음

단전자 펌프 소자
(전자를 하나씩 이동시킬 수 있다)

온도표준연구 그룹

여기서는 온도의 표준공급과 온도계의 개발을 연구하고 있어.

수증기

물

얼음

센서부

백금저항온도계
(1000℃ 부근에서도 높은
정밀도로 측정이 가능)

백금선

물의 삼중점 셀
(온도의 정의가 되는 상태를 재현)

※ 표준공급: 기준에 따라 계량기의 교정 및 시험을 시행하는 것

현재 세슘 원자시계의 오차는 1억 년에 1초인데요.

광격자 시계   세슘 원자시계

이를 크게 뛰어넘는 '광격자 시계'를 개발하고 있다네요!

시간의 연구가 특히 대단하단다~

모두 굉장한데,

시계표준연구 그룹

그 시계가 이 안에 있어.

들어가 보자!

그 오차는 무려!

300억 년에 1초!

우와!

이 방 전체가 바로 광격자 시계랍니다.

땡~ 땡~

하하하

하하하, 완전히 착각했네.

짠~

그냥 보통 추시계잖아!

잉? 이게 광격자 시계야?

우와!

이쪽을 봐봐~

그건 보통 추시계 맞고요.

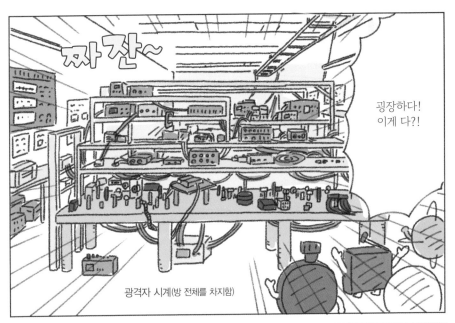

짜잔~

굉장하다!
이게 다?!

광격자 시계(방 전체를 차지함)

이 광격자 시계는 이터븀 원자(Yb)를 하나씩 포획해서

광격자 모형도

이터븀 원자

레이저로 만든 용기(광격자)

그 원자의 진동(약 518조 Hz)을 읽어내어 시간을 정의한다는 원리입니다.

이 센서가 실현되면 많은 것이 가능해질 것으로 기대되고 있습니다.

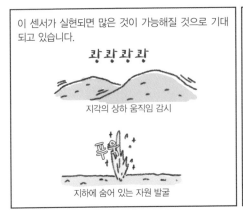

쾅쾅쾅쾅

지각의 상하 움직임 감시

푸슉

지하에 숨어 있는 자원 발굴

이 시계는 고도로 정밀해서 이를 이용한 다양한 응용 방법이 연구되고 있어.
그중 하나가 일반상대성이론
(중력 차에 따라 시간의 흐름이 달라짐)의
원리를 이용한 중력 센서야.

난 그걸 소개해야겠다.

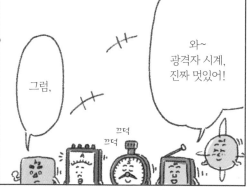

그럼,

와~ 광격자 시계, 진짜 멋있어!

끄덕 끄덕

서, 설마?!

킬로그램원기는 국제킬로그램원기의 복제품으로 19세기 말 일본에 배부되었습니다.

질량표준의 정점이자 국제킬로그램원기의 복제품을 받은 나라에 하나씩만 있는 매우 귀한 물건입니다.

바로 킬로그램원기!

오오!

탁

도착했다.

총총 총총 총총

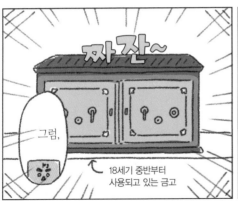

18세기 중반부터
사용되고 있는 금고

오!
이게 바로
킬로그램원기!

왜지 멋있어
보이는데!

그런
뜻이구나~

각각에 번호가
할당되었거든.

그건 당시
40개의 복제품이
제작되었는데

kg

어? 용기에
'6'이라고
쓰여 있어.

6

둘 다 정말
귀한 물건이네~

맞아, 맞아,

킬로그램
원기랑 같이
제작을
의뢰했어.

앞에 있는 건
관(貫)원기※야.

kg

※ 당시 일본에서 통상적으로 쓰이던 단위 '관(貫)'을 위해 특별 주문된 것

기본적인 단위만 골랐어!

한눈에 보는

단 위 환 산 표

[길이]

	km	m	cm	mm	μm
1 km	1	1000	100000 (10만)	1000000 (100만)	1000000000 (10억)
1 m	0.001	1	100	1000	1000000 (100만)
1 cm	0.00001 (10만 분의 1)	0.01	1	10	10000
1 mm	0.000001 (100만 분의 1)	0.001	0.1	1	1000
1 μm	0.000000001 (10억 분의 1)	0.000001 (100만 분의 1)	0.0001	0.001	1

[면적]

	km^2	ha	a	m^2	cm^2
1 km^2	1	100	10000	1000000 (100만)	10000000000 (100억)
1 ha	0.01	1	100	10000	100000000 (1억)
1 a	0.0001	0.01	1	100	1000000 (100만)
1 m^2	0.000001 (100만 분의 1)	0.0001	0.01	1	10000
1 cm^2	0.0000000001 (100억 분의 1)	0.00000001 (1억 분의 1)	0.000001 (100만 분의 1)	0.0001	1

[부피]

	m³	L	dL	cm³
1 m³	1	1000	10000	1000000 (100만)
1 L	0.001	1	10	1000
1 dL	0.0001	0.1	1	100
1 cm³ (=1 mL)	0.000001 (100만 분의 1)	0.001	0.01	1

[질량]

	t	kg	g	mg
1 t	1	1000	1000000 (100만)	1000000000 (10억)
1 kg	0.001	1	1000	1000000 (100만)
1 g	0.000001 (100만 분의 1)	0.001	1	1000
1 mg	0.000000001 (10억 분의 1)	0.000001 (100만 분의 1)	0.001	1

[속도]

	km/h	m/h	m/min	m/s
1 km/h	×1	×1000	÷0.06	÷3.6
1 m/h	÷1000	×1	÷60	÷3600
1 m/min	×0.06	×60	×1	÷60
1 m/s	×3.6	×3600	×60	×1

이 책에
등장하는 캐릭터

간 씨
→ 43쪽

관 씨
→ 93쪽

그램 군
→ 86쪽

그로스 씨
→ 162쪽

근 씨
→ 93쪽

나노그램 군
→ 92쪽

나노미터 군
→ 42쪽

노트 씨
→ 78쪽

뉴턴 군
→ 100쪽

대 그로스 씨
→ 162쪽

도 군
→ 150쪽

돈 씨
→ 93쪽

되 군
→ 53쪽

라디안 군
→ 151쪽

럭스 군
→ 146쪽

루멘 씨
→ 146쪽

리터 군
→ 51쪽

마이크로그램 군
→ 92쪽

마이크로미터 아저씨
→ 42쪽

말 씨
→ 53쪽

몰 양
→ 167쪽

미터 군
→ 40쪽

밀리그램 군
→ 92쪽

밀리미터 군
→ 42쪽

바 군
→ 103쪽

볼트 양
→ 131쪽

분 아저씨
→ 76쪽

섬 씨
→ 53쪽

섭씨온도 군
→ 115쪽

센티미터 군
→ 42쪽

소 그로스 씨
→ 162쪽

수은주밀리미터 아저씨
→ 103쪽

스테라디안 양
→ 151쪽

시 아저씨
→ 76쪽

시시 군
→ 50쪽

아르 군
→ 49쪽

암페어 군
→ 133쪽

야드 군
→ 43쪽

에이커 군
→ 49쪽

온스 군
→ 93쪽

옴 아저씨
→ 131쪽

옹스트롬 군
→ 43쪽

와트 군
→ 105쪽

인치 군
→ 43쪽

일 아저씨
→ 76쪽

작 양
→ 53쪽

줄 군
→ 104쪽

지 군
→ 79쪽

척 씨
→ 43쪽

초 아저씨
→ 68쪽

촉 군
→ 154쪽

촌 씨
→ 43쪽

칸델라 군
→ 156쪽

캐럿 양
→ 93쪽

켈빈 군
→ 120쪽

쿨롬 씨
→ 130쪽

킬로그램 군
→ 90쪽

킬로미터 씨
→ 42쪽

타 씨
→ 161쪽

톤 씨
→ 92쪽

파스칼 양
→ 102쪽

파운드 씨
→ 93쪽

평 군
→ 49쪽

피트 군
→ 43쪽

헤르츠 군
→ 77쪽

헥타르 군
→ 49쪽

헥토파스칼 씨
→ 103쪽

홉 군
→ 53쪽

화씨온도 군
→ 114쪽

《참고문헌》

《1킬로그램을 측정하는 새로운 방법(新しい1キログラムの測り方)》, 우스다 다카시(臼田孝) 지음, 고단샤(講談社), 2018년.

《단위171의 새로운 지식, 읽으면 알 수 있는 단위의 원리(単位171の新知識 読んでわかる単位のしくみ)》, 호시다 나오히코(星田直彦) 지음, 고단샤, 2005년.

《단위와 기호(単位と記号)》, 시라토리 게이(白鳥敬) 지음, 가켄플러스(学研プラス), 2013년.

《단위의 사전(単位の辞典)》, 니무라 다카오(二村隆夫) 감수, 마루젠(丸善), 2002년.

《단위의 성립(単位の成り立ち)》, 사이죠 도시미(西條敏美) 지음, 고세이샤 고세이가쿠(恒星社厚生閣), 2009년.

《단위의 역사(単位の歴史)》, 이안 화이트로(Ian Whitelaw) 지음, 토미나가 호시(冨永星) 옮김, 오츠키쇼텐(大月書店), 2009년.

《달력의 과학(暦の科学)》, 가타야마 마사토(片山真人) 지음, 벨레출판(ベレ出版), 2012년.

《달력의 역사(暦の歴史)》, 자클린 드 부르고앵(Jacqueline De Bourgoing) 지음, 난죠 이쿠코(南条郁子) 옮김, 이케가미 슌이치(池上俊一) 감수, 소겐샤(創元社), 2001년.

《도해 · 쉽게 이해할 수 있는 단위의 사전(図解 · よくわかる単位の事典)》, 호시다 나오히코(星田直彦) 지음, KADOKAWA/미디어팩토리(メディアファクトリー), 2014년.

《만물의 척도》, 캔 엘더 지음, 임재서 옮김, 사이언스북스, 2008년.

《빛과 전자기 패러데이와 맥스웰이 생각한 것(光と電磁気 ファラデーとマクスウェルが考えたこと)》, 고야마 게이타(小山慶太) 지음, 고단샤, 2016년.

《시계의 과학(時計の科学)》, 오다 이치로(織田一朗) 지음, 고단샤, 2017년.

《신 · 단위를 알면 물리를 안다(新 · 単位がわかると物理がわかる)》, 와다 스미오(和田純夫) 외 지음, 벨레출판, 2014년.

《신판 전기의 기술사(新版 電気の技術史)》, 야마사키 도시오(山崎俊雄) · 기모토 다다아키(木本忠昭) 지음, 옴샤(オーム社), 1992년.

《온도를 측정하다(温度をはかる)》, 이타쿠라 기요노부(板倉聖宣) 지음, 가세츠샤(仮説社), 2002년.

《온도의 이야기(温度のおはなし)》, 미츠이 기요토(三井清人) 지음, 일본규격협회(日本規格協会), 1986년.

《완벽하게 이해하는 계량표준(きちんとわかる計量標準)》, 산업기술종합연구소(産業技術総合研究所) 지음, 하구지츠샤(白日社), 2007년.

《천재들이 만든 단위의 세계(天才たちのつくった単位の世界)》, 다카하시 노리츠구(高橋典嗣) 감수, 소고토쇼(綜合図書), 2016년.

《최신지식 단위 · 상수 소사전(最新知識 単位 · 定数小事典)》, 에비하라 히로시(海老原寛) 지음, 고단샤, 2005년.

미터 군과 판타스틱 단위 친구들

초판 1쇄 발행 2020년 1월 10일
초판 3쇄 발행 2023년 11월 1일

지은이 우에타니 부부
옮긴이 오승민
감수자 박연규, 일본계량표준종합센터

발행인 김기중
주간 신선영
편집 백수연, 민성원, 최현숙
마케팅 김신정, 김보미
경영지원 홍운선

펴낸곳 도서출판 더숲
주소 서울시 마포구 동교로 43-1 (04018)
전화 02-3141-8301
팩스 02-3141-8303
이메일 info@theforestbook.co.kr
페이스북·인스타그램 @theforestbook
출판신고 2009년 3월 30일 제 2009-000062호

ISBN 979-11-90357-09-8 (03400)